JN064551

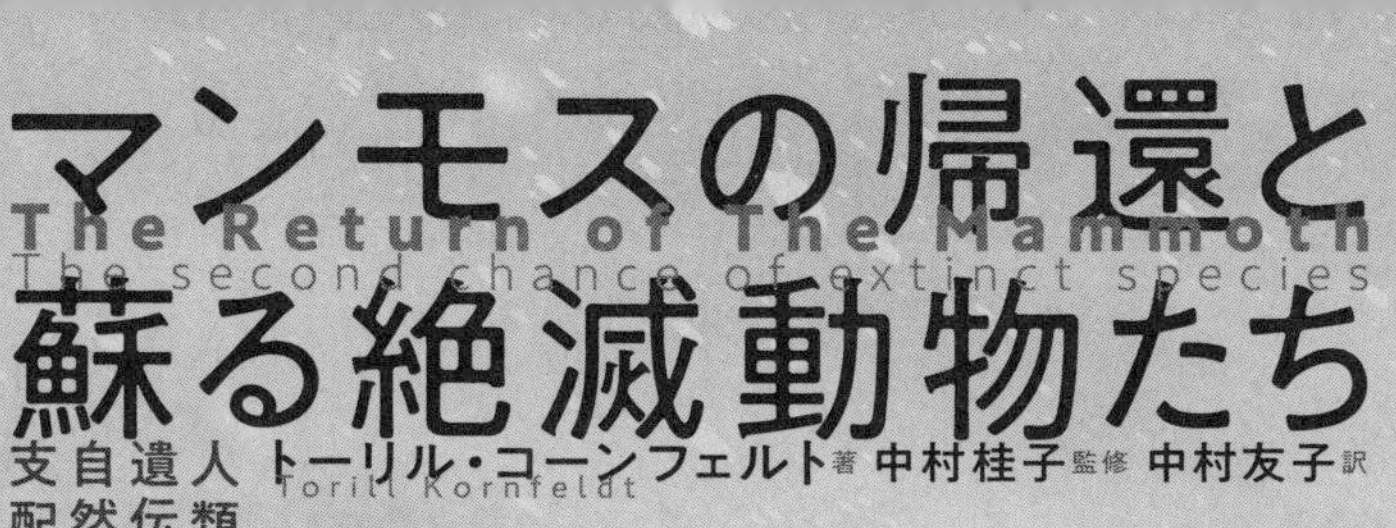

マンモスの帰還と蘇る絶滅動物たち

The Return of The Mammoth
The second chance of extinct species

人類は遺伝子操作で自然を支配できるのか

トーリル・コーンフェルト 著
Torill Kornfeldt
中村桂子 監修
中村友子 訳

A&F

マンモスの帰還と
蘇る絶滅動物たち

人類は遺伝子操作で
自然を支配できるのか

目次

序章　まったく新しい世界　6
第1章　シベリア北東部の夏　13
第2章　誰がマンモスを作りたがってるの？　25
第3章　ゾンビたちの春が来る　42
第4章　翼のある嵐　56
第5章　ブカルドが蘇るはずだったのに　77
第6章　冷凍庫からやって来たサイ　91
第7章　「実際、ことはそう単純ではない」　108
第8章　神の道具箱　125
第9章　成長する死者　137

第10章 アヒルのような外見をして
アヒルのように鳴くのであれば……
それは本当にオーロックス？ 154
第11章 野生化するヨーロッパ 170
第12章 「ほとんどの人は正気の沙汰ではないと言うだろう」 184
第13章 ニワトリの中の恐竜 196
第14章 ユートピアとディストピアは紙一重 210
第15章 溶ける巨人 219
終章 生命は一つの道を見出すだろう 229
あとがき 237
翻訳にあたって 240
図版リスト 244
参考資料 おすすめ書籍 262

トビアス、トルグニー、そしてルス・エイミーに捧ぐ

序章 まったく新しい世界

ギリシャ神話の中に、神々の意思に背いて人間に火の使い方を教えてしまったプロメテウスの物語がある。彼はゼウスから厳しく罰せられたが、ギリシャ人たちは火を、すべての芸術や科学の起源と見なした。聖書における原罪の話と同じタイプの物語である。二つの物語に共通するのは、知識の果実を得るためには高い代償が必要だが、私たち人間が今の姿になるためには、その果実を得ることが絶対条件だったということだ。

数千年後の一八一八年、メアリー・シェリーによる小説『フランケンシュタイン』が出版された。サブタイトルは「現代のプロメテウス」。この物語は、人類の野心と傲慢さが行きすぎて、神を真似ようとした時に何が起こるかを描いている。この本が書かれたのは、死んだカエルの身体に電流を流すとぴくっと動くことを、科学者たちが発見したばかりの頃だ。ひょっとすると神のように命を与える力を発見したのかもしれないと、そんなふうに言う者もいた。そこでシェリーはユダヤ神話のゴーレムにヒントを得て、「一人の科学者が、きちんと理解できておらず、扱えもしないような力を使ってしまった」という恐怖のシナリオを作り上げたのである。作品はまた、おのれの創造物に対して敢えて責任を取ろうとせず、目覚めたモンスターをその運命にまかせて逃げ出してしまった科学者の姿も描き出している。もしヴィクター・フランケンシュタインがその場に残り、おのれの創造物の面倒を見ていたら、確実に悲劇は避けられただろう。

そして一七五年後の一九九三年、映画『ジュラシック・パーク』が公開された。科学者たちがおのれの傾倒や好奇心をコントロールできなかった結果、再生された恐竜たちが暴れ回るという物語である。革新的な知識や神のような能力なんぞろくなものじゃないというメッセージが、作品を貫き通している。だが同時に、この原動力なしでは我々は人間でいられないのだという考え方も、作中にずっと流れ続けている。

今どき古い神話に影響を受けるなんて、馬鹿馬鹿しいと思われるかもしれない。だが、科学者たちが現代の遺伝子工学を使って絶滅動物を蘇らせようとしていると聞いた時に、私が複雑な感情を抱いたのは、こういった物語のせいではないかと思うのだ。

はじめ私は、抑えきれないほど興奮した。生きているマンモスや恐竜、その他歴史の中に消えてしまったありとあらゆる動物が生きているところを見られるかもしれないと想像して、浮かれたティーンエイジャーみたいな気持ちになった。そうした絶滅動物が動いているところを見たり、どんなふうに鳴くのかを聞くことができるかもしれない。マンモスって、どんな匂いがするんだろう？　恐竜は今の鳥みたいに、歩く時、頭を前後に揺するんだろうか？　オーロックス（原牛）は、雌牛のようにモーと鳴くのかな？

科学者たちが取り戻そうとしている動物の中には、そこまでセンセーショナルではないものもたくさんあったが、それもなかなかに興味深かった。たとえば、オーストラリアの卵を飲み込むカエル。メスは自分の卵を食べてしまい、オタマジャクシから小さなカエルになるまでお腹の中で育てる。そのあと母親はグワグワ鳴く子供たちを吐き出し、世界と対面させるのだ。このカエルは、現在もカエルの仲間の脅威になっているある菌類による病気のせいで、一九八〇年代に絶滅した。このカエルを蘇らせる試みは、イエスが墓の中から聖人ラザロを蘇らせたという聖書のエピソードにちなんで、「ラザロ」と名付けられている。

この本で語られるすべてのプロジェクトは、「ちぇっ！　もちろんやっていいに決まってるじゃないか。僕らは絶対にやってみるぞ！」という考えから始まっている。基本的に科学者たちは、かつて生きていた恐竜の名前を片っ端から覚えようとするティーンエイジャーや、水平線に向かって真っ直ぐに船を進める探検家と同じような情熱と好奇心に突き動かされているのだ。彼らに心奪われ、同じようにたぎるエネルギーを感じるのは、簡単なことだ。

私が抱いたもう一つの感情は、例の数千年前からの不安だ。本当に、これはいいことなのだろうか？　もし予想外の悪い結果になったらどうする？　私たちは、手に負えない力を解き放ってしまうことになるんじゃないのか？　神話から来る不安以外にも、人間がよかれと思ってしたことが自然にとって壊滅的な結果になってしまった例は、たくさんあるのだ。

現代の見方からすれば馬鹿馬鹿しいが、当時はよいとされていた例が、アメリカ人ユージーン・シーフリンが一九八〇年にヨーロッパの鳥をニューヨークに放った例だ。目的は、シェイクスピアの作品に出てくる鳥を、すべて合衆国にも存在させようというものだった。シーフリンは格式高い科学協会のメンバーであり、彼のプロジェクトは広い支持を得た。大陸間で活発に種を移動させようという、いわゆる順応運動の一環だったのだ。

さまざまな鳥のほとんどは数年のうちに死んでしまったが、セントラルパークに放たれた一〇〇羽のホシムクドリは、急速にその数を増やした。彼らは大陸中に広がっていき、大量のアメリカの鳥に取って代わった。今日、アメリカ合衆国にはおよそ二億羽のヨーロッパホシムクドリが生息し、自然と農業の両方にとって問題となっている。どれもこれもかの国を生物学的にも文化的にも豊かにしようという、高邁な目的の結果なのである。

科学ジャーナリストとして、私は科学的好奇心や情熱が人々の人生をよりよいものにしている事例を、毎日のように見ている。日々接している技術、飲んでいる薬、食べ物、着ている服など、科学に関わっていないものはない。私は素直に、世界は常によくなっていると思っているし、それは研究の成果であると思っている。だが楽観的で未来を信じる私でも、心の底に存在する例の不安を拭い去ることはできないのだ。

今日、遺伝子工学と生物工学は、一九九〇年代のデジタル工学並みのスピードで発展している。ひょっとしたら、もっと速いかもしれない。つまり研究者は、たった数年前には不可能だと思われていたようなこともできるようになっているのだ。それは、今は不可能だと思われていることが、もうすぐできるようになるということでもある。マンモスの復活も、その一例だ。

バクテリアから人間まですべての生き物について、ゲノムを組み立てていく技術は、まったく新しい可能性に満ちた世界を作り上げた。だがその世界は、新しい恐怖の世界でもある。新しいがゆえに、より恐ろしいのだ。コンピューターが登場した時と同じく、この技術がどう展開していくかを理解し、それがどこへ向かおうとしているかを予測するような総合的な認識を、私たちはまだ持っていない。

私は、遺伝子工学と生物工学は、デジタル工学と同じように私たちの社会を根本的に変えてしまうだろうと考えている。そしてその変化のほとんどは、よい方向へ向かうだろうとも。だが同時に、おそらく多くの問題も発生するだろう。この恐怖を深刻に受け止め、しっかりと向き合い、どんなケースでこの技術を利用するのが適切かを見極めない限り、私たちはどこへも行けないだろうと思う。つまり実用的な問題として、どうすれば私たちはヴィクター・フランケンシュタインやユージーン・シーフリンのような過ちを犯さずにすむかということだ。だがそれはまた、哲学的な問題でもある。命を操作する能力は、人間としての私たちにどう影響するのか？　私たちの文化や社会はどうなる？

この本で取り上げられているさまざまなプロジェクトの話を聞いた時に私が抱いた三つ目の思いは、絶滅動物を蘇らせたいと願うのは、ノスタルジーのせいではないかということだ。つまり、失われた世界に対する憧れだ。私は、不死を夢見ているとしか思えない老人たちに会ったことがある。この分野の中心的な科学者のうち四人は、六〇代だ。また私は、ベンにも会った。彼はまだ三〇歳にもなっていないが、残りの仕事人生を絶滅したハトの再生に捧げると決めている。彼らは皆、世界と人類は何か大事なものを失ってしまったが、それを取り戻すことができるという強い思いを抱いているのだ。ただ、私たちが失ったものが何であるのか、そしていつ失ったのかについては、みんなそれぞれ答えが違っている。

興奮、恐怖、ノスタルジーという三つの感情が、この本を書いている間中、私の中に存在し続けていた。だが私には、死から動物たちを蘇らせようと決めている研究者について語るべきことは、他にもたくさんあることもわかっている。彼らの試みには、おそらくもっと大事な側面があるのだ。

私が取材した研究者たちはみんな、世界をより豊かに、より自然に、そしてよりよくしようと努力している。彼らは、復活した動物たちは素晴らしい未来に貢献すると信じているのだ。オーロックスを生み出そうとしているヘンリー、マンモスというパズルを組み立てようとしているジョージ、立派なアメリカグリを取り戻そうとしているウィリアムなどなど。彼らの誰もが、一頭または一本だけを作ろうというのではなく、自然に帰してやれるだけの完全な種の創造を思い描いている。

唯一の例外は、恐竜を一頭だけ再生しようとしているジャックだ。彼の実験は、他とは一線を画している。もしあなたがリアル・ジュラシックパークの可能性について知りたいと思ってこの本を読んでくれているのなら、今すぐ第13章をめくってみることをおすすめする。きっとあなたはより興味を抱いて、ここへ戻ってきてくれるに違いない。もしここで取り上げたさまざまなプロジェクトについてもっと知りたいとお思いなら、巻末と本書のホームページに、参考資料を載せてある。

種の復活なんて、一体どうすれば果たせるのかという問題も残っている。この本で言及されているプロジェクトをすべて成功させるには、少なくとも一つ、科学的ブレークスルーが必要である。だがそれが障害になるとはとても思えないくらい、そのブレークスルーは今すぐにでも起こりそうな気がしてしまうのだ。

絶滅動物を蘇らせようという思いつきに私が心底惹かれるのは、それが私の世界を広げてくれるのではないか、驚くべき新しい可能性の扉を開いてくれるのではないかという思いからだけである。だが、私たちみんながどう向き合うかを決めなければならない、根本的な問題もある。人間は、どこまで自然をコントロールしてもよいのか？　絶滅動物を再生し、野生の種を再構築し、自然には決して発生し得ないまったく新しい生命の形を作るという可能性の境界線上に立っている今、我々はこの知識で何をすればよいのか？

絶滅動物を復活させるというアイディアは、よいことなのか？　私は、そういったプロジェクトがどのように進んでいるかを伝えるために、最善を尽くそうと思う。あとは、皆さんがご自分でその答えを見つけてほしい。

第1章 シベリア北東部の夏

東シベリアのチェルスキーまでは、小さくて古びたプロペラ機で行く。地球上で一番寒い街ヤクーツクの飛行場から、週に二回飛んでいるのだ。冬にはマイナス五〇度まで下がることもあるが、七月半ばである今日は、むしろステーキにされそうなくらい暑い。

私たちは小さなバスに乗って、搭乗を待っていた。大人一三人に二人の子供、それに手足と耳に房飾りをつけた小さなイヌが一匹である。鉢植えの菊を持った男性、黒いビニール袋に入った自分の背丈ほどのクリスマスツリー模様の包みを抱えた女性の他に、カーテンレールを持った女性もいる。ロシア語を話せないのは私だけで、あとは全員、大都市ヤクーツクで買い物をして帰るところのようだった。

飛行機はいつ落っこちてバラバラになってもおかしくないように見え、ニッカボッカをはいた整備士がドライバーを持って歩き回っては、ジュラルミンの蓋を開けた中に首を突っ込んでいる。パイロットの一人がプロペラに歩み寄り、ちゃんと回るか触って確かめている。私はバスの中で座っているうちに、どんどん不安になっていった。乗らない方がいいかしら？ でも、そうしたらどうすればいいの？ これがチェルスキーに行く唯一の方法で、私以外の誰も、フライトの安全性を心配してはいないようだ。結局私は他の客たちと一緒に、ぐらぐらするタラップを上がる羽目になった。

チケットに印刷された席の番号なんか、誰も気にしない。二人のキャビンアテンダントが、できるだけ前に座るよう指示してきた。二人とも英語は話せないので、黙って指差すだけである。シートは不安定で、背もたれはちゃんと立っていられないほど傷んでおり、乗客は旅の間中、半分寝転がった姿勢でいなければならないような状態だった。椅子の下にあるはずの救命胴衣は、あるようには見えなかった。キャビンアテンダントが狭い中央通路を歩きながら、エチケット袋とコーヒーを配ってくれる。その間、例の小さなイヌはシートの間を走り回っていた。飛行機は揺れ、ガタガタという恐ろしい音を立てたが、上空に上がってしまうと安定し、真っ直ぐ東へと向かった。それでも五時間の空の旅の間、私の心拍数は上がりっぱなしだった。

「あの飛行機は、五〇年間墜落したことがないよ。今回に限って落ちるなんてわけがないだろう？」と、飛行機が着陸した時、チェルスキー研究センターの主宰者ニキータ・ジモフは言った。

私たちは、研究センターの心臓部に当たる円形の多目的ルームに座っている。ここを訪ねるために、私はチェルスキーまでやって来たのだ。一九八〇年代にこの研究センターを作ったのは、ニキータの父のセルゲイだ。センターは、街から二、三キロのところにある。といっても街自体が、とんでもなく辺鄙（へんぴ）な場所にあるのだが。

ここはシベリアの内陸、街は日本から見てちょっと東側にずれた北側にある。カムチャツカ半島ほど東ではない。北極海の海岸へ向かうには、コリマ川を数日かけて船で下らなければならない。チェルスキーへ向かう道路はなく、飛行機か船で来るしかないのだ。ソビエト時代には囚人が送られてきたし、ロシアでゴールドラッシュが起きて繁栄したこともある。今では家屋の三分の一は空き家であり、人口は三〇〇〇人弱にまで減った。一九八〇年代には温水プールが二つあった時期もあると聞いたが、今ではもうない。レストランもだ。

街中の崩れた建物から目を背けさえすれば、ここは素晴らしく美しい土地だ。広大な平野に、曲がりくねった川や浅い湖が点在している。川の氾濫から逃れた場所には、ネコヤナギやカラマツの森がある。長く浅いぬかるみには、多肉植物の草むらが育っている。川が曲がっているところの川岸と、ヒメカンバが生い茂る丘の上は乾いている。七月の今は、そこら中でヤナギランやヨモギギク、濃いピンクのカーネーションやクワガタソウが咲き乱れている。

訪問初日、ニキータは私のショットグラスにウォッカを注ぎながら、「スウェーデン人は、強い酒が好きなんだろう?」と言った。夕飯の時はみんな、ウォッカを飲んでいた。セルゲイなど、ランチの時ですら最低一杯は飲んでいた。

セルゲイ・ジモフについて描写しようとすると、どうしてもステレオタイプな表現や決まり文句になってしまう。彼は、遠く離れたシベリアの荒野に隔離されて暮らす、ロシア人研究者だ。長い灰色の髪と、同じくらい長くて灰色のあごひげを持ち、センターの中をTシャツとべレー帽、口元にはタバコをくわえて歩き回っている。書類仕事のほとんどは、妻のガリーナが引き受けている。

セルゲイは、男女にはそれぞれ適性があるという見解の持ち主だった。それは彼だけに限らなかったようで、たとえば滞在中、私がボートに乗り込んだり降りたりする時、必ず誰かが助けの手を差し出してくれた。セルゲイは明らかに、センターを継いでくれるだろう息子のニキータのことを誇りに思っていた。サンクトペテルブルクにいる小説家の娘のことは、ほとんど口にしなかった。だが女性研究者はオッケーだった。このセンターを訪れた最高の研究者たちのうち何人かは女性だったと、初日の夜に私に話してくれた。

彼は一九八〇年代にここで研究を始め、ソビエト連邦が資源や勢力拡大を求めて北シベリアに巨大な財源を投じていた頃に、このセンターを設立した。それは、国中に国家の影響力を広めようという試みの一環だった。ここの住民たちはロシア語を母国語とせず、独自の文字を使っている。ここにも「エスニックロシア人」が送り込まれ、国をまとめるためにたくさんの研究センターや鉱山などのプロジェクトが始まり、同時に航空網が整備された。

「ここはいい場所だよ。私は自由で、共産主義のプロパガンダとは無縁だった」

夕飯のヘラジカハンバーグを食べながら、セルゲイは言った。

ヘラジカが好きな人にとっては、センターの食事はとても美味しかった。夜にビールを飲みながらカード遊びをする時には、みんなスルメを噛んでいる。美味しいけれど、ちょっと堅い。

ソ連の崩壊で、センターへの研究支援がなくなった。セルゲイも、家族とともに荷物をまとめ、センターを出てノヴォシビルスクの大学に戻るよう命令された。だが彼は断った。代わりにここにとどまり、家族とともにロシア初の民間研究センターを作る決心をしたのだ。

「最初は大変だったよ」

ニキータは、九〇年代の、彼がティーンエイジャーだった頃がいかに大変だったかを語ってくれた。一家は時として、食べるのにさえ苦労したらしい。今ではセンターも変わり、毎年五〇人ほどの研究者が、自然や永久凍土について学ぶためにやってくる。その多くが、アメリカ人だ。私の滞在中にも、約一五人の研究者がやってきた。数人のドイツ人研究者と、夜になるとギターを弾いているアメリカの学生グループである。

「映画『フォレスト・ガンプ』の主人公は、嵐で他の船が全部吹っ飛んでしまったというだけの理由で、たまたま海老漁師として成功したよね。僕らも同じだ。ここと同じだけのキャパシティを持った研究センターは、北部には今もほとんどないんだ」と、ニキータは言う。

私が苦労してここへやって来たのは、マンモスを見るため、少なくとも生きていた生態系の名残を見るためだ。ここ五〇〇万年ほどの間に、約一〇種類のさまざまなマンモスが現れ、そして絶滅していった。毛むくじゃらのマンモスが、最後の種だ。私たちのほとんどが「マンモス」という単語を聞いた時に思い浮かべるのは、たいていこれである。背中が傾斜しているどっしりした巨体は、巻毛の厚い毛皮に覆われ、曲線を描く巨大な牙を持つ。約四〇万年前に東アジアのどこかで、その先祖から進化したのだ。

マンモスは、広範囲に生息していた。現在のスペイン、イタリアから南スウェーデン、シベリア全体を経て中国の大部分、さらにアラスカを越えて北アメリカまで広がっていたのだ。今のゾウと同じように、おそらく年長のメスに率いられたグループで暮らしていたと思われる。私たち人類が初めてマンモスと出会ったのは、約三万年から四万年ほど前。アフリカを出て、中東やヨーロッパに進出し始めた頃だ。当時のネアンデルタール人は既に、マンモスと長い間共存していた。マンモスを狩り、時には骨を建築材にしたりしていたのである。

最後の氷期が始まったのが、約一〇万年前。北欧が厚い氷河に覆われた当時、ここ東シベリアには肥沃な草原地帯が広がっていた。風と海流のせいで、このあたりは風が強く乾燥した地域になったが、そのおかげで氷が張らず、暖かい夏の間は草が生えるようになったのである。ここでマンモスは、毛の生えたサイやジャコウウシ、ウマやオオカミと一緒に繁栄していた。ニキータとセルゲイは、約四万年前にここで生息していた動物の数を数える調査をしている。彼らの仮説によれば、ここにはアフリカのサバンナと同じくらい豊かな一大王国が築かれていたらしい。約二万七〇〇〇年前に初めてここへ来た人類が、狩りをして生活するのに十分なほど広大な野生の王国が、ここにはあったはずだというのだ。

約一万年前に気候が変わり、氷期は終わった。シベリアはより暖かくなり、ほぼ同時期にマンモスは消えたのだ。なぜ彼らが消えたのかはいまだにはっきりせず、世界中の研究者の間で激しく議論されている。それは暖かくなった気候のせいなのか、それとも人類が増えて狩りが上手になったせいなのか？　おそらくその合わせ技だろうと、アメリカ人考古遺伝学者のベス・シャピロは考えている。彼女によれば、マンモスは最後の氷期以前の暖かい時期を生き延

フランス、ドルドーニュ地方のルフィニャック洞窟にある、新石器時代のマンモスの洞窟壁画

びたが、その時草原が小さくなってしまったせいで、数を減らしたという。最後の氷期が終わった時にも、同じことが起きた。だがベスは、彼らにとどめを刺したのは狩りをする人間という存在だと信じている。謎は、当分解明されそうにない。

マンモスと共に、他にもたくさんの種類の動物が消えた。たとえば、毛の長いサイである。野生のステップ草原は、現在の湿原とカラマツの森に取って代わられた。北極海に浮かぶ一部の島々、中でもランゲル島では、マンモスはかなり長く生き残っていた。最後の一頭が死んだのは約四〇〇〇年前。エジプトでギザの巨大ピラミッドが完成した、その数百年後である。

「ここにマンモスが一番たくさんいた頃、

このあたりにはとても豊かな生態系があって、住んでいた人々を十分に食わせていけたんだ」とセルゲイは言う。

チェルスキーでは、研究センターの運営をする以外に、稼ぐ方法が二つあると彼は話した。地元の川にいるイワナを捕るか、マンモスの牙を探すかである。最近、マンモスの牙を探し始める人が増えている。中国人バイヤーが払う値段が、うなぎ上りなのだ。ソビエト時代には、牙などまったくなんの価値もなかったのに。

チェルスキーには、ダイビング装備を手に入れて川に潜る人もいれば、牙を取りに遠い荒野に何ヶ月もの間出かけて行く人もいる。毎年シベリアからおよそ六〇トンのマンモスの牙が船で出荷されていると見積もられており、そのほとんどが中国に運ばれている。牙の売買自体は合法なのだが、税金や関税を免れるために、多くが違法に取引されている。

「この辺の人がスノーモービルのような高価なものを買いたければ、牙を探すしかないんだ」とセルゲイは言う。

彼自身、学術調査の間に二〇個ほどの牙を見つけたそうだ。だが金銭的な価値があるとなってからは、以前ほど頻繁には見つからなくなってしまった。セルゲイは、彼がこれまで見つけた中で一番大きな牙について話してくれた。

「根元のところが、こんなに太いんだ」と彼は言って、両手のひらで約五〇センチほどの太さを示して見せ、「そしてこんなに長い」と言いながら、両腕をいっぱいに広げて見せた。

私が思うに、これは釣り自慢のチェルスキーバージョンで、ジャーナリストたちが取材に来るたび、牙の長さは数センチ伸びるのだろう。だが、マンモスの牙が実際巨大であったろうことは確かだ。メスもオスも共に牙を持っているが、メスの牙の方が小さくて細い。牙は、スパイラル状に育つ。まず頭から外へ向かって伸び、そのあと内側に向かって根元に当たるまで伸びる。時には、交差してしまうことすらある。今まで見つかった中で最も長いものは、四メートルを超える。

セルゲイの家のリビングの隅っこには、保存状態がいい一メートルほどの牙が二本と、毛の長いサイの頭蓋骨が二つ転がっている。

「あれは、生活に困った時のための保険だよ。大きい牙は、大体五万ドルくらいの価値がある」と言って、彼はくすくす笑った。

実際センター内のあちこちに、マンモスのかけらが転がっている。多目的ルームのあちこちで、マンモスの歯が文鎮として使われていた。ゾウと同じく、マンモスも巨大な歯を持っている。上あごに二本、下あごに二本の四本だ。一本が、およそ二キロもある。

トイレと寝室を結ぶ廊下には、長いマンモスの骨がぎっしりと乱雑に放り込まれた大きな段ボール箱が置いてあった。箱には判読できないロシア語がフェルトペンで書いてあるが、形から推測するにあれは大腿骨だろう。そのわきを通るたびに、つい触ってしまう。研究者たちは、まさにこういった骨を使ってマンモスを蘇らせようとしているのだ。前述したベス・シャピロは、氷期の動物たちの骨から遺伝子を採取することにかけては世界一ともいえるエキスパートだが、彼女はマンモスの遺伝子を組み立てるには、長く険しいプロセスが必要だと言っている。

ゲノム全体は、『戦争と平和』とか『指輪物語』三部作とかシェイクスピア全集のような分厚い本だと想像してみてほしい。それが、マンモスの身体の細胞一つ一つに入っているのだ。本と違うのは、ゲノムを一まとまりとして読めるようにするには、絶えず修復され続ける必要があるということだ。細胞内では、ずっと修復作業が続いている。だがマンモスが死んだ途端に、長いDNA分子は分解され、どんどん細かくなっていく。本の糊（のり）が剥がれ始めて、ページがバラバラになってしまうところを想像してみてほしい。次いでそのページも分解され始め、文章や単語もバラバラになってしまうのだ。

あなたがその紙吹雪を拾い、雨が降ってぬかるんだ草原にばらまいた上を、氷期の動物たちの群れが行進していくところを想像してほしいと、ベス・シャピロは言う。古いDNAがどのようにはたらいていたかを分析する作業は、そのぐちゃぐちゃの紙吹雪の中からシェイクスピアの『ハムレット』を組み立てるようなものなのだ。

マンモスの骨は永久凍土の中で氷漬けになっており、何千年もの間、地中に埋まっている。ひょっとしたら池で溺れたマンモスが、凍った沈殿物の上に横たわっていたのかもしれない。低温が守ってくれたとしても、ゲノムの分解は進み続ける。研究者たちは、古い骨を粉砕して中から残ったDNA分子の小片を取り出すのだが、そこで次の問題が起きる。研究者たちが本を探しているそのぬかるみには、別の本もバラバラになって散らばっているのだ。彼らは、マンモスの骨がツンドラの中で何千年も凍り付いていた間に入り込んだバクテリアやらキノコやら昆虫やら、その他いろいろな生き物のDNAを大量に見出すことになる。マンモスのゲノムは、全体のほんの一パーセントなんてことすらあるくらいだ。

たとえゲノムの小片をすべて見つけ出し、どれがマンモスのものかをリストアップできたとしても、今度はそれを正しい順番で組み立てるという作業をしなければならない。そのための方法はただ一つ、たとえばアジアゾウなど近縁の動物のゲノムを、モデルとして使用することだ。ゲノムの小片すべてをアジアゾウのそれと比較し、正しい場所に配置し、小さな一片一片がお互い重なり合ったマンモスＤＮＡのパッチワークを作り上げるのである。そうしてやっと、マンモスのＤＮＡがどんなふうであったかという全体図を得ることができるのだ。

この方法を使えば、研究者は少しずつでもマンモスのゲノムをより正確に組み立てていくことができる。最近、ストックホルム自然史博物館の研究者も加わって、マンモスのＤＮＡの全体配列を完成させる研究が行われたが、それは高い評価を得ている。

つまり今の研究者は、マンモスがどんな遺伝子を持ち、アジアゾウとはどのように違っているかを正確に知っている。マンモスとゾウとを分ける遺伝子の同定も可能だ。保温のための分厚い毛皮や皮下脂肪、小さな耳に関わる遺伝子などなどである。これがわかったからこそ、マンモスの再生もできると期待されているのだ。

ニキータとセルゲイは、かつてマンモスが暮らしていた自然環境を研究しているだけではない。ここは、未来のマンモスが暮らすことになるはずの場所でもあるのだ。毛深い巨体を新しく作る作業は、既に始まっており、ボストンの研究室で、最初のステップとなる細胞培養が行われている。

だがアメリカに旅立つ前に、私はヤクーックの街に立ち寄って、最高の観光を体験するとしよう。

第2章

誰がマンモスを作りたがってるの？

　ヤクーツクにある観光資源は、それほど多くない。ダイヤモンドの生産では世界有数の都市であり、スウェーデンの七倍の広さを持つ地方の首都なのだが、人口はわずか三〇万足らずだ。大広場には、北に向かってまなざしを向けるレーニンの巨大な像が立っており、大きな噴水のまわりには、夕暮れになると若者たちが集まってくる。

　だが観光客にとって一番魅力的なのは、街から少し離れた郊外にある「永久凍土の王国」だ。永久に凍り付いた地面の下に向かって伸びる長い洞窟の天井や壁は、何十センチもある分厚い霜柱で覆われている。訪問者はみんな、厚いコートと冬用の靴で完全装備している。カラフルな照明が氷の像を照らし、スピーカーからは甲高い音でクラシック音楽が流れている。氷でできたバーでは、ウォッカを注文できる。そのほか、地域の伝統名物料理ストロガニーナも出してくれる。寿司に似た料理で、凍った生魚の切り身に刻み玉ねぎとオイルと大量のブラックペッパーとをかけるのだ。ここは魅力的だがかなり俗っぽく、しかも両手が凍り付きそうになる。

だがこの場所を本当に魅力的にしているものは、洞窟の入口近くにある小さなサイドルームの中にある。ガイドはほとんど英語がしゃべれなかったが、いくつかのドアの鍵を開けて、私に入るよう指で示してくれた。壁に沿って、切り出された氷のブロックが積み重なって並んでいる。ここには、音楽もカラフルな照明もない。木でできたコンテナ台の上に、大きなマンモスの頭が乗っていた。鼻はなくなっているが、それ以外の頭部はよく保存されている。目のまわりにしわが寄っていて、頭のてっぺん近くには、ダークブラウンの毛の房が残っており、耳と口の一部も残っている。

部屋の中は少しかび臭くて埃っぽく、閉塞感があったが、不快ではなかった。このわずかな臭いが、マンモスが二万年以上前に死んだということ、そして目の前にあるこの肉はフレッシュなものではないのだということを示す、唯一の証拠だ。二本の牙は頭部から出て弧を描いており、もっとも牙の間隔が離れた箇所では、私が両手を伸ばしても届かないほどだった。部屋の奥の方には三万年前の毛深いサイの身体が横たわっていたが、私はマンモスの頭部から目が離せなかった。あらゆる角度から見るために狭い空間をうろうろし、その真っ白な牙に触れたり、しわだらけの皮膚を調べようと近くで臭いを嗅いでみたりした。

シベリアの研究者たちは、こんな氷漬けの個体をいくつも見つけている。このマンモスはフランスのマンモスハンターが二〇〇二年に発見したものだ。この大人のオスの頭部は、これまで見つかった中で最も保存状態がよい。だが、さらに保存状態がよいマンモスの子供の身体が見つかった。寝ているだけとしか見えないような、完璧な身体だ。最も有名な三体はリューバ、

ポール・ジャマン画、マンモス　1885年

ジェーニャ、ディーマと名付けられ、世界中の博物館を巡回している。その子マンモスたちの写真を見た時もそうなのだが、この部屋で私を襲った思いは、「これのクローンを作るなんて、そんなに難しくないんじゃないの?」だった。

私の隣に鎮座する頭部は、まるでまだ生きているみたいに見えた。この中のどこかには細胞があって、ちょっとした科学的手仕事を加えれば、生き返らせることができるに違いないと思えた。

近年、動物のクローンづくりは研究者にとって日常茶飯事になりつつある。最も一般的なのは、成熟した動物の細胞から核を取り出し、それを卵細胞もしくは胚の細胞に入れるという方法だ。細胞核にはゲノムが入っており、細胞の指令センターとして、そのはたらきをコントロールしている。成熟した細胞は分化しており、たとえば皮膚の細胞は突然、筋肉細胞になったりはできない。だが成熟した細胞から取り出した核を卵(らん)に入れると、その核のあり様が変わり、分化した性質を失うのだ。そして核が細胞の分裂や成育をガイドし、最終的にまったく新しい個体になれるのである。二〇年前にヒツジのドリーがクローンとして生まれたのも、この方法による。同種、もしくは極めて近い種なら、この方法が使えるのだ。だったら保存状態のいいマンモスの身体から細胞核を取り、生きたゾウの卵に移植することができるんじゃないか?

まさにこれを試そうとしている研究者は、一人ではない。彼らはより保存状態がよい個体を求めて、氷の中を探し続けている。望みはいつか生きた、もしくは少なくとも十分に無傷の細胞核を見つけることだ。いくつかの研究室で実験した結果、数年にわたって凍り付いていても、溶かした細胞から細胞核を取り出して他の細胞に移植することができることがわかっている。最も注目を浴びたマンモスクローニングプロジェクトは、韓国のファン・ウソク（黄禹錫）によって行われたものである。二〇一三年、彼らは血液のようなものが滲み出ている保存状態のよいマンモスを発見したのだ。プロジェクトに関わった研究者たちは、数年後には最初のマンモスの子供を作り出しているだろうと言った。

だがこの試みには、大きな問題点がある。ファン・ウソクは二〇〇四年、三〇人の人間のクローンづくりに成功したと主張する学術論文を発表して、学会で悪名を馳せた人物なのだ。すぐにそれはフェイクであり、クローンなどいないとわかった。面倒な裁判沙汰が長く続き、ファン・ウソクの研究者としての評判は地に落ちた。ところが近年その彼が研究の場に返り咲き、マンモス探しを始めたのだ。プロジェクトと最新のマンモス発見については共に大きな注目を集めたが、今のところ彼らはクローンづくりについて何の学術発表も行っていない。法的にも科学的にも疑惑が出始めているので、世界中の遺伝学者の多くは、プロジェクト全体を科学的根拠がない、ただの金集めと宣伝のための手段だと批判している。

日本人研究者、入谷明（いりたにあきら）が率いるプロジェクトもある。凍った細胞を再生させるエキスパートであり、一六年間凍っていた細胞からマウスのクローンを作ったことがある。彼は二〇一一年に、「四、五年後には」マンモスのクローンができると宣言した。彼らもまた、細胞を取り出せる完璧な身体を探し続けている。どこの動物園でもふさふさのゾウが生まれていないところをみると、彼らが最初に思っていたよりも、ことは難しかったということなのだろう。

ところでマンモスのクローンづくりは、どこに問題があるのだろう？　ゲノム解析には成功しているのに。

それを理解するには、冷凍庫から出したり入れたりを何度も繰り返した肉の塊を想像してみるといいかもしれない。まず巨大なマンモスの身体が凍り付くまでには、最良の条件下でも長い時間がかかる。その間に細胞は壊れ始め、肉は分解していく。たとえば浅瀬を渡ろうとしたマンモスがはまって動けなくなり、浅い湖の底の泥の中に沈んだとしよう。冬になれば湖は凍り付くが、その場合、永久凍土のせいで上からだけでなく下からも凍っていく。次の夏が来れば、湖は部分的に溶ける。それが何年も繰り返され、最終的にマンモスの身体はたくさんの泥に覆われ、一年中凍り付く永久凍土の中に深く沈んでいく。誰かに発見されて掘り出されるまで、二、三万年ものあいだ凍り付いたままそこに横たわり続けるのだ。

だがその時までに、もうその身体は溶けては凍るというプロセスを何度も繰り返してしまっているのだ。生きた、つまりは無傷の細胞を見つけるチャンスは、おそらくほとんどない。そんな肉をグリルで焼きたいとは、誰も思わないだろう。

細胞が死んで壊れたあとでも、ＤＮＡを取り出して集めることはできる。問題は、そうやって研究者が組み立てた遺伝子は、コンピュータープログラムの中にしか存在しないということなのだ。ＤＮＡの小さな断片を解析して組み立てるという複雑なゲノム解析は、完全にデジタルで行われる。だがある細胞のクローンを作るためには、完全かつ無傷のＤＮＡを持つ細胞が必要だ。今のところ、クローンづくりが可能なくらい保存状態のいいマンモスの細胞を発見した研究者は、一人もいない。だが、方法はもう一つある。

今や研究者は、DNAの小片を組み立て、それを細胞内に入れることができる。酷い雨の日に訪ねたボストンで、その可能性が始まっている現場に出くわした。

ジョージ・チャーチは、MIT（マサチューセッツ工科大学）とハーバード大学が共同運営するブロード研究所の遺伝学教授だ。彼は、まるで背の高いサンタクロースのように見えた。お腹は丸くないが、濃くて白いあごひげと、好奇心あふれる目を持っている。サンタクロースと同じように子供たちから熱心な手紙をもらうが、その中身は欲しいもののリストではなく、マンモスに関する質問だ。ジョージが、マンモスを復活させようとしているからだ。

彼に会いに行く前にインタビューした研究者が、こう教えてくれた。

「彼が予言した科学的進歩がどれも実現していなかったら、人々は彼をどうしようもない、頭がおかしいとしか思えない楽天家と呼んだだろうね。でも、予言はほとんど彼の研究室で実現したんだよ」

ジョージは、ヒトゲノムをマッピングした研究者の一人だ。その数年後には、DNAをそれまでより早く、そして安く解析できる方法を考案した。そして今、彼はマンモスを作る道への第一歩を踏み出している。

「まだ動物は何もできていないよ。培養皿の中に細胞があるだけ。しかも実際のところ、まだほんの少し修正を加えただけのゾウの細胞でしかない。でも、それはかなりの進歩なんだ」と彼は言う。

ジョージが言う培養皿は、研究室の一番奥にある冷蔵庫の中にあった。底には、薄くて透明で赤っぽい色の液体が波打っている。極度に薄めた血液のようにも見えるが、それは細胞が入った培養液だ。顕微鏡を覗くと、丸い皮膚細胞がはっきり見える。この細胞はアジアゾウのものだが、マンモス遺伝子のコピーが入っているのだ。

「マンモスとアジアゾウは、それぞれのアフリカゾウとの関係よりも近い親戚同士なんだ。だからアジアゾウとアフリカゾウで共通している遺伝子は、おそらくマンモスにも共通している。最大の例外は、寒さに対する適応性だろうね」とジョージは言う。

すべての始まりは、ジョージも参加したマンモスゲノムの解析だった。その時ジャーナリストたちから、マンモスの再生は技術的に可能なのかという質問がたくさん飛んだ。その質問をきっかけにジョージはそれについて考え始め、その分野の研究者たちと何度か話し合ううちに、やってみようと決めたのである。彼とその同僚たちはマンモスのゲノムを調べ、マイナス五〇度に耐えるために必要な遺伝子を探した。

マンモスにそのユニークな能力を与えたと思われる一連の候補遺伝子を見つけ出したら、次のステップはその合成コピーを作ることだ。つまりコンピューターの文字列から情報を得、それを実際のＤＮＡ小片に翻訳して、細胞が読んで使えるようにするのだ。

彼らが使ったのは、ＣＲＩＳＰＲ－Ｃａｓ９という方法である。二〇一二年に開発され、実にさまざまな形で遺伝子工学の可能性を革新的に変えた技術である。新しい遺伝子をゲノムに組み入れる際に生じる最も大きな問題の一つが、それを正しい位置に入れられる保証がなかなかないということである。それまで研究者たちは正しい最終結果を得るために、何段階もさまざまな実験をしなければならなかった。ＣＲＩＳＰＲ－Ｃａｓ９はより的確で正確なゲノムバサミであり、新しい遺伝子を正しい位置に入れることがはるかに簡単にできるようになったのだ。その結果、実験の回数が減り、研究が早く進むようになった。

この技術は、絶滅した動物の再生だけに使われるわけではない。多くの研究者が、医学の分野で重要な意味を持つと考えている。ジョージは、この技術をヒトの細胞に使える可能性を示した最初の一人だ。たとえば人間の遺伝子を変化させたり、幹細胞を取り出して変化させることによる病気の治療が期待されている。

二〇一五年の春、中国の研究者がこの方法で、ヒトの胚に遺伝的変化を起こせるという研究を発表した。彼らは、遺伝性で深刻な血液病の原因となる遺伝子の交換を試みた。実際のところ、期待していたほどうまくはいかなかったが、この技術が極めて大きな可能性の扉を開いてくれたことは確かである。二〇一六年の春には、イギリスとスウェーデンのカロリンスカ研究所その他の研究者が、同じ方法を使ってヒト胚を用い、胚が発生していく最初の数日間の様子を研究する許可を得た。遺伝的に変化させた胚を、誕生には繋（つな）げないという条件つきで、だが。

ジョージをはじめとする多くの研究者が、この方法についての研究がさらに進むまで、ヒトに用いることを禁止すべきかという議論をしている。この技術は、いわゆるデザイナーベイビーを生み出すために使われかねないからだ。デザイナーベイビーとは、両親が望む能力を持つよう、遺伝的に変化させた子供のことである。だがこの技術によって、研究者たちはこれまでまったく不可能と思われていた分野や事柄の研究ができるようになった。私がこの本を書いている間にも、この技術を倫理的に許される方法で使うにはどうすればよいかという議論が、科学者の間で熱心に交わされている。

病気の治療技術としてどれだけの意義があるかは別として、まさにその技術こそが、アジアゾウの細胞に人工的にマンモス遺伝子を入れることを可能にしたのだ。ジョージは、ゾウの細胞から少しずつマンモスの細胞を組み立てている。彼と仲間たちは、ゾウの細胞に今まで四一個の遺伝的変化を起こし、マンモス細胞に近づけている。

新しい遺伝子のうちのいくつかは、ゾウに毛を生やすものだ。マンモスは、分厚くて縮れた毛皮を持っている。温かさを保つ内側の毛と、汚れや湿気を寄せ付けないための粗い表面の毛だ。私は、ヤクーツクのマンモス博物館で毛の房をいくつか見た。お気に入りだったマンモスの毛は私の明るい赤茶の髪に色がかなり似ていたが、他は黒に近かった。その毛は長く、身体の両側の毛は約九〇センチもあった。しっぽの先の毛は特に長くて、ひょっとしてマンモスたちは夏にそれをハエ叩きの代わりに使っていたんじゃないかと思われるほどだった。彼らは春になると、寒い気候に暮らす他の動物たちと同様、毛がバサリと抜ける。ジョージは、それらすべての性質を支配している遺伝子を見つけなければならないのだ。

遺伝学者たちが変化させようとしている遺伝子には、他にもゾウに皮下脂肪を与えるものや、目を小さくするものがある。すべて、マンモスが体温を保ちやすくするためのものだ。ジョージがプロジェクトについて語る時の彼の様子は、ほんの少し、これから生まれるマンモスの子供にプレゼントを渡すサンタクロースのように見えた。現実世界で上手に生き延びる性質をプレゼントする、サンタクロースだ。

どの遺伝子がどの性質を暗号化したものなのかを、正確に知るのは難しい。研究者たちはまず、他の種の似たような遺伝子についての知識を手がかりにする。たとえば、マウスやイヌの毛皮がどのように見えるのかを決める遺伝子と、マンモスのゲノムとを比較するのだ。ほとんど、推察能力に頼っていると言ってよい。

作り替えられた細胞には、ゾウの血液を変化させる遺伝子も入っている。皮下脂肪や毛皮があったとしても、鼻の一番先っぽなど寒さに晒される部位は、通常の血液では酸素の供給がおぼつかなくなるくらい冷えてしまう。だからマンモスは、酸素を運ぶ赤血球のヘモグロビンを、極めて特異に寒さに適応させたのだ。ジョージは、そのヘモグロビンの再生に成功した。この新しく作られたヘモグロビンが、彼らがこれまでにテストできた唯一の変化である。もう一つの研究グループも、マンモスゲノムをモデルとして人工的に作った遺伝子によって、低温でも機能するヘモグロビンが作れることを証明している。

ジョージがマンモスの遺伝子で行った試みのうち、学術論文として発表されたものはこれまで一つもない。もっと結果が出てから発表したいのだそうだ。科学的見地から言えば、試みと結果のいずれも、まだ何とも評価できないということになる。だがジョージがこれまでに行ってきた飛躍的な進歩を思えば、私はやはり彼を信じたい。ちょっとは疑っているとしても。

研究者たちが、一万年もの間死んでいた遺伝子の新しいバリエーションを作り上げることに成功したのは素晴らしい。だが、雪の中を駆け回ったり遊んだりするマンモスの完成にはほど遠い。次のステップは、作り替えた細胞を幹細胞にすることだ。培養皿の中の細胞は分裂し、美しく成長する。だがその細胞を、生えてくる毛の種類をコントロールできる皮膚や毛根へと分化させることは、まだできないのだ。幹細胞とは、身体の中でまだ分化していない細胞のことだ。主に胎児や、成人の骨髄に存在する。研究者が通常の細胞を幹細胞に作り替える可能性があるとすれば、CRISPRと同様に新しくて革命的な、生物学研究の中でまたたく間にスタンダードになった技術、つまりiPS細胞である。二〇〇六年に発見されたばかりのものだが、それ以来研究者は、人間を含めほぼすべての動物の幹細胞を作ってきた。だがそれがゾウとなると、ジョージと仲間たちは問題にぶち当たることになる。

「今のところ、僕たちはゾウの幹細胞を作り出せていない。ひょっとするとゾウがとても長生きで、ガンに対する防御がしっかり組み込まれているせいかもしれない。ガン細胞と幹細胞はよく似ているから、細胞がガンに対して持っている防御が、僕らの試みを阻んでいる可能性がある。だが僕たちは研究を続け、いつかは成功させるつもりだ」とジョージは言う。

幹細胞なしでは、プロジェクトは進まない。それができて初めて、細胞がさまざまな身体の部位を作れるようになる。これは、今まさに世界中の数えきれないほどの研究室で、恐ろしい勢いで開発が進んでいる研究分野だ。成功すれば、移植を必要としている人たちのために、患者自身の幹細胞を使って心臓や腎臓を作り出すこともできる。マンモス研究に関して言えば、新しい遺伝子がどのくらいうまくはたらくかをチェックしたり、さらなる遺伝的変化を追加したりするために、必要不可欠なステップなのである。

「最終的に僕らが遺伝子をいくつ変化させることになるのかは、わからない。全部よりは少ないことを願うよ。二万から三万の遺伝子を組み換えるのは大変だからね」

私が、必要な修正はどれくらいの数になりそうか予想してくれと頼んだら、ジョージはそう言って笑った。

培養皿の中の細胞を幹細胞にすることができ、集めた変化をすべてテストし終わって初めて、研究者たちはその細胞をさらに発生させて胚にし、最終的には毛むくじゃらの小さなマンモスの子供にすることを考え始められる。マンモス復活に関する仕事で本当に難しいのはここからだが、それにはまたあとで触れることにしよう。この研究は、この時点で既に十分にセンセーショナルであり、いくつかの問題において私を悩ませるのだから。

もしジョージが成功したとして、その新しい動物はマンモスなのだろうか、それともゾウなのだろうか？　マンモスの遺伝子をほんのいくつかしか持っていないのであれば、それはかつて生きていたマンモスのコピーではないことになり、クローンとは言えない。基本はアジアゾウということになるが、その動物を見る人は毛むくじゃらの巨大な生き物を目にし、おそらく「マンモスだ」と思うだろう。

私がジョージに「その生き物は一体何になるのですか？」と尋ねた時、彼はクッキーを食べてしまおうかどうしようか悩んでる子供みたいにちょっと考え込み、「ゾウになるだろうね」と一息に言った。「マンモスの特徴を持ったゾウだよ。この研究自体、現在のゾウを守るためのものなんだ」と。

「実際これは、アジアゾウの保護の話なんだ。ほんの一握りの遺伝子をいじればゾウが寒さに耐えられるようになるのなら、彼らをもっと広域で生きられるようにしてやれるからね」

国際自然保護連合（ＩＣＵＮ）によれば、野生のアジアゾウは絶滅の危機に瀕している。一九八〇年代に比べると、その数は半分に減っているそうだ。密猟のせいもあるが、農地拡大のためにゾウが暮らす森が破壊されているのも原因の一つだ。ジョージは、ゾウをよりマンモスに近い生き物にすれば、この問題は解決すると考えている。そうすれば彼らは、より人口が少なく、より広い土地があるシベリアで暮らせる。新しい土地で生きていくためにいくつかの遺伝子を変えても、彼らがゾウであることに変わりはないと彼は考えているのだ。

「酸素供給なしにエベレストの頂上まで登れる能力を支える遺伝子を持った、特別な人がいるよね。でも僕たちは、その人を人間じゃないとは言わない。その遺伝子を持っているから人間じゃないなんて言わないんだ。新しく作られた寒さに耐えられるゾウは、他のゾウと交配して子供を作ることもできるだろう。そういう意味では、彼らは同じ種なんだ。彼らを北へ移住させれば、今みたいに農家の人たちと住みかについて争わなくてすむ。つまり、彼らが暮らせる新しい……というか、実際にはかつて住んでいた土地を与えてやれるんだ」と彼は言う。

「そうでなくとも、ゾウはそもそも雪が好きなんだよ。動物園のゾウたちは、鼻で人間よりも大きい雪玉を転がしたり、人間の子供がやるように、小さな水たまりに張った氷の上に飛び乗って割ったりしている。彼らは一時間かそこらしかそんな気温には耐えられないけれど、そうしている間はとても楽しそうだよ」ジョージはそう言って笑った。

シベリアでも生き延びられるよう作り替えることでゾウを守るという考え方は、当然批判を浴びた。何よりも、それでは根本的な問題の解決にはならない。アジアゾウが現在暮らしている森は、たくさんの絶滅危惧種であふれている。ゾウを移住させることは、他の種を見捨てることでもある。ジョージが、それは現在のゾウを救うことになるのだと話しているのを聞きながら、私はそのアイディアはちょっと大袈裟なんじゃないかと感じていた。特別仕立ての全自動ドローンを使って、たった一匹の蚊を殺すようなものじゃないかと。エンジニアにとってそのようなドローンを作るのは楽しいだろうが、問題解決に効果的とは言えない。

だがここで、コインの裏側が見えてくる。次にジョージは、自分の作る動物はマンモスにもなると言ったのだ。それをシベリアの地に放てば、一万年前にマンモスが生態系の中で担ってきたのと同じ役割を果たすことになるはずだと。外見はマンモスであり、かつてマンモスが暮らした土地で暮らすことになる動物。彼らが人々を魅了し、興味を抱かせてくれることをジョージは期待している。たくさんの手書きの手紙が舞い込んでくるのは、やはりマンモスについてなのだ。だからこそ研究者たちは、プロジェクトに参加するだけでよいと無償で協力する。

みんな、マンモスが大好きなのだ。

「マンモスによって、『あれに似たものを取り戻したい』という思いが呼び覚まされるってことだよ。かつてマンモスが死に絶えてしまったのは、ひょっとすると僕ら人間のせいかもしれないから、その借りを返したり懺悔したりしようというわけじゃないんだ」と彼は言う。

ジョージが何よりもこのプロジェクトで達成したいと望んでいるのは、絶滅しかけている種を救うために、新しい遺伝学的手法のすべてをどのように使えるか考えるきっかけを作ることだ。彼は未来を、そして残っている種をどうすれば救えるのかを心配しており、新しい遺伝学の技術がその解決策になると信じている。

「僕たちは種の絶滅をただ止めるだけではなく、進化を別の方向に導いてやれるという局面にさしかかっている。それが、僕らを夢中にさせるんだ。現在の環境により適応した、新しい生き物を作るということなんだから」と彼は言う。

その丸い小さな細胞たちは、エキサイティングな旅をすることになるだろう。マンモスの遺伝子からスタートしたが、ジョージは新しい動物にペンギンやホッキョクグマの性質を与える可能性についても考えている。マンモスが進化の過程でそれを得ることは決してなかったはずだけれど、それが彼らにとっていいことならやってみようというわけだ。

「僕らは、かつて存在したマンモスよりもよいマンモスを作れるかもしれない」と彼は言う。

私たち人類が新しい野生動物を作る能力を得るという考え方は、この本の中で何度も繰り返し現れる。ジョージと話していると、頭が少しくらくらする。そのビジョンとあからさまな楽観主義のせいで、彼の発言をまともに受け取ることはかなり難しい。だが同時に、彼が恐ろしく頭がよく、自分が何を言っているかよくわかっていることも理解できた。私は少し、彼の楽観主義に誑かされているのかもしれない。最終的にはすべてうまくいくというセリフを聞くのは、悪くないものだ。そこで私は、マンモスを復活させることはできると、本当に思っているのか尋ねてみた。

「タイムリミットを設けないなら、可能性は十分にあると思っているよ。研究のために必要な費用はどんどん安くなっているし、我々の知識はどんどん増えている。寒さに強いアジアゾウは近いうちにできると、僕は信じているよ」と彼は言った。

だが成功までにはどれくらい時間がかかるかと尋ねると、答えはあいまいになった。

「難しい質問だね。一〇〇年かかると言っておいて一〇年しかかからなかったら、なんだかバカみたいに見えるじゃないか。技術の進歩は恐ろしく早いし、僕に言えることはただ一つ、最低でも五年はかかるってことかな」と彼は言った。

培養皿に入っている赤っぽい液体の中の細胞は、このプロジェクトの始まりに過ぎない。ジョージがもじゃもじゃのゾウの子供を撫でられるようになるまでには、たくさんのしかも大きな科学の進歩が必要だろう。一方で、この分野における技術的進歩は絶え間なく起こりつつあり、すべてを把握することが不可能になっているという点で彼は正しい。私が取材した研究者のうち、絶滅した動物を蘇らせることに対して最も批判的だった人ですら、ジョージがマンモスに似た何かを作り上げることを不可能だと思っている人は一人もいなかった。だが多くの研究者が、シベリアに再び放てるほどマンモスが増えるかどうかについては、懐疑的である。

第3章

ゾンビたちの春が来る

もしあなたが時を遡れるタイムマシンをもらい、ただし人類が存在しない時と場所にしか行けないとしたら、どこへ行きますか？

巨大な鹿やオーロックスでいっぱいの、人類が来る前のヨーロッパの広大な広葉樹林ですか？　現存動物たちの祖先でいっぱいの五億五〇〇〇万年前のカンブリア紀の海へ、ダイビング装備を持って生き物たちの群れに会いに行きますか？　酸素チューブのついた宇宙服を着て、三〇億から四〇億年前の地球に最初の生物が生まれた場所を見つけに行きたい？　三億年ほど前の岸辺に立って、最初の四足歩行動物が沼地を這い上がってくるのを見る？　それとも約五〇〇万年前、人類とチンパンジーの祖先が道を分かった瞬間に何が起こったかを見に行ってみますか？　もしくは八〇〇〇万年前の太古の森を訪ねて、恐竜を見るのはどうでしょう？

タイムマシンは持っていないけれど、地球の長い歴史の中で滅びてしまった動物の中からどれかを蘇らせられるとしたら、どれを選びますか？

実はジョージ・チャーチのような人は他にもいて、絶滅した動物や植物を蘇らせようとするプロジェクトが、現在一〇件ほど進行している。彼らを非現実的な夢想家、もしくは実現不可能なことをお金や注目を集める道具にしようとしているはったり屋として排斥することは簡単だ。この旅を始めた時、私の内なる皮肉屋が、目をまん丸にしてワクワクしているティーンエイジャーの私と、かなり大声でしつこくケンカをしていた。でもジョージと会い、彼の考えを聞き、小さな培養皿の中の細胞を覗き込んでからは、皮肉屋は少しおとなしくなっている。

もともと死なない生き物がいるということは、既に知られている。研究者たちは、三万年もの間氷の中に閉じ込められていたのにまだ生きている、無害なウイルスを溶かし出すことに成功した。世界中で気温が上がっているせいで、より危険なウイルスが溶かし出されて広がってしまうのではないかという不安すらある。約三万年前の種(たね)から凍った植物細胞を呼び覚まし、分裂させ、美しい小さな花をつけた草花にまで育てることに成功した研究者もいる。顕微鏡でしか見えないほど小さい、八本足のクマに似たクマムシは、乾眠状態に入ると乾燥の中でも真空の中でも極端な寒さの中でもすべて生き延び、とてつもなく長く生きることができる。

だが、現在研究者たちがさまざまなレベルの遺伝子テクノロジーを用いて取り組んでいる絶滅種の復活、つまり再生は、このどれとも同じではない。

「私たち人類は、神のようなものとして、是非ともこれをうまくやれるようになりたい」

これは、スチュアート・ブランドが早くも一九六〇年代に主張していたことである。サンフランシスコの図書館に併設されたカフェで会った時、彼は毛糸の帽子をかぶり、緑色のキルトの上着を着て現れた。七〇歳を優に超えており、Wを発音するたびにシューという音が混じる、独特なアメリカの方言をしゃべった。私が注文した紅茶が届くのも待たずに、彼はその壮大な考え方がいかに素晴らしいかを語り始めた。

「私は、二一世紀を支配するのは次の三つの長期的で汎用性が高い分野だと思っているんだ。一つは気候変動。もう一つは都市化、そして三つ目が生物学とバイオテクノロジーだ。この分野は今、二、三〇年前のデジタル技術と同じような進歩のしかたをしていると思うのでね」

スチュアートは長いタイムスパンで考えることが好きであり、他者にもそれを求めている。彼はこれまでの半生でさまざまなことを成し遂げており、たった二、三行でそれを紹介するのは難しい。六〇年代には環境活動のリーダーの一人として活躍し、その後は初期のインターネット開発にも関わった。さまざまな機構、企業、キャンペーンを起こしており、近年では自身がかつて関わっていた環境活動を情緒的で教条的に走りすぎていると批判している。また一方で、環境コンサルタントとして環境破壊をしている企業に深く関わっていると、批判もされ続けている。

彼は九〇年代半ば、人々が人類とその挑戦とをより長期的な目で見るようになることを目的とした、ロング・ナウ協会を設立した。人間が持つ神の如き能力について、彼独特の行動原理を再構築し、「我々人類は、神のようなものだ。それをうまくやらなければいけない」と言っている。我々は人間として責任を取り、気候危機や環境破壊、そして種がこれまでにないスピードで消えつつあるという問題を解決しなければならない。なぜなら、我々こそがこの惑星の神なのだからというのである。

　これは絶滅動物を蘇らせることについての、彼の考え方の総括でもある。「これは、種の保全に関して起こりつつある変化の典型例だ。我々は、守備から攻撃に移りつつある。残された小さなものを古い方法でただ守るのではなく、テストや実験を実行し始めているんだ」と、彼は熱心に語った。

　もし絶滅動物を蘇らせるというアイディアの導入に責任を取るべき人がいるとしたら、スチュアートと彼の妻、ライアン・フェランだ。彼らはリバイブ&リストア（再生と復帰）というプロジェクトを立ち上げ、二〇一三年にこの分野における最初の学会を開いた。それが引き金となって、この研究に携わるさまざまな研究者たちが集まって活動したり、話し合ったりするようになったのである。それまでもいろいろな実験がなされてはいたが、スチュアートとライアンが共通の用語を作り、彼らを結びつけたのだ。絶滅種の再生は、英語で「de-extinction」と言うことになった。

　ライアンとスチュアートは、絶滅動物の再生を、世界をよりよく、そして生物学的に豊かにするための方法として紹介している。二人は、再生された動物たちが人類の歴史にどのようにして新しい一章を付け加えてくれるかを語る。マンモスの細胞についてジョージと話していた時同様、私はその「希望はある、世界はよりよくなる」という思いと情熱に惹きつけられかけた。未来は太い筆で明るい色に塗られていると、できれば思いたいものだ。

　ここで、数歩戻ってみよう。本当に、絶滅した動物を蘇らせることはできるのか？　種全体や生態系について考えることなしに？

　その質問への答えは、イエスであるように見える。ただしそれは、質問者が「再生」をどのように定義しているかによる。

　マンモスがいい例だ。嘘っぽい話になるが、誰かが凍った完璧なマンモス細胞を発見し、それを使ってもじゃもじゃのマンモスの子供のクローンづくりに成功したとしよう。それは、おそらく二万年前に死んだある個体の遺伝的コピーだ。ここで用いる卵細胞はおそらくゾウのものになるだろうから、まったく同じものとは言えないかもしれないが、ほとんどの人はそれを「マンモス」と呼ぶことに抵抗を覚えたりはしないだろう。

　こうして研究者はマンモスを得ることになり、それは素晴らしい科学の業績とされる。だが種としてのマンモスの再生には、それでは不十分なのだ。そのマンモスには、子供を産むためのつがいとなる相手がいない。その孤独な巨人はおそらくどこかの動物園、もしくは研究所で一生暮らすことになるだろう。ひょっとしたら、何頭かのゾウが遊び相手になってくれるかもしれないけれど。もしくは、ウマとロバを交配させるみたいにアジアゾウと交配し、二つの種のハイブリッドが生まれるかもしれない。そのハイブリッドは子供を作れるかもしれないし、作れないかもしれない。

　一頭の個体ではなく種全体を再生しようとするなら、この問題に別の方向から取り組まなければならないのだ。ジョージがボストンにある細胞を使って作ろうとしているマンモスは、かつて生きていたマンモスそのままのコピーにはならない。彼はかつてのマンモスを蘇らせようとしているのではなく、むしろ新しいマンモスを作ろうとしているのだ。つまりもし成功すれば、彼は基本的に何頭でもマンモスを作り出せるということでもある。ゾウから取ったたくさんの細胞で、同じプロセスを繰り返せるからだ。もし彼が一つの細胞をメスのゾウから取り、もう一つをオスから取ってそれらを作り替えれば、別々の性を持つ二頭のマンモスを得ることになり、彼らは交配して子供を作ることができる。つまり、群れを作ることもできるということだ。だがそれはまったく新しい種であり、かつてのマンモスのコピーではない。

　スチュアートとライアンがやろうとしている他の絶滅動物再生の試みにも、同じことが言える。彼らはみな、一頭の個体ではなく種全体を作ろうと考えているのだ。動物たちに彼らが望むような違いを出すことは、必須だ。動物たちが明るい未来に貢献するためには、数が多いこと、そして自然界に放たれることの両方を可能にしなければならない。そうなるとその動物たちは、多少はオリジナルに似ていたとしても、かつての種の新バージョンになるのだ。

　絶滅種に似た生き物の再生は、かなりの確率で数年のうちに可能になるだろう。楽観主義者は一〇年以内のことだと言い、悲観主義者たちは最低でも二、三〇年はかかるだろうと思っている。だが批判的立場の人ですら、それが不可能だと思ってはいないのだ。具体的にどうなるのか、研究者たちが何をする必要があるのかは、種によって違う。いくつかのケースでは絶滅した動物の凍結細胞が残っており、クローンづくりの方法をあれこれ試してみられるかもしれない。遺伝子を動かして、近い親戚に作り替えてやればよい場合もある。だが失われてから長い時間が経ってしまっている種の場合、いきなり墓の中からゾンビみたいに起き上がってくることはない。朝の散歩道で、迷子のマンモスがいきなり私たちをびっくりさせることはないのだ。

「少しずつ進むことになると思うよ。絶滅した動物に似た性質を、一つ一つ付け加えていくんだ。この作業には、さまざまなグレードの違いがあるからね」とスチュアートは言う。

そのために必要な遺伝子工学技術は急速に改良されているし、かなりの早さで安価にもなっている。スチュアートは、それをデジタル技術の発展と比較してみせた。

「今は博士課程の学生がピペットを使ってその作業をやっているけど、遅かれ早かれロボットがそれに代わるようになるだろう。ロボットに遺伝子を一四個変化させてくれと頼んだら、奴はこう言うんだ。『なぜ一四〇〇個ではなく一四個なんです？　全部じゃいけないんですか？』『オッケー、それじゃ全部！』と言うと、ロボットは『少しコストが高くなりますよ』と言う。『いくら？』『四〇〇〇ドルです』『なるほど、大したことないな。いいからやってくれ』」スチュアートは未来のロボットとの会話を真似しながら、そう言って笑った。

次の問題は、技術が夢に追いついた時、何が起こるかだ。ジョージは自分のマンモスたちをシベリアに放とうと計画しているし、他のプロジェクトにおける他の種についても同じである。どの研究者も、自分の種を野生に帰し、人間に頼らず生きていけるようにしようと努力している（明白な理由により、恐竜だけは別だが）。だからこそ研究者たちは、正確なコピーを作ることではなく、絶滅した種の代理になれる程度に似た動物を作り出すことを目的にしているのだ。本来の自然の中で、かつて絶滅種が担っていたのとほぼ同じ役割を果たすことができる動物を。また作られた動物たちは、現存種がいる現在の環境の中でも、その役割を果たせなければならない。

この研究分野が論争を生むのは、主にこの「再び自然に帰す」という計画のせいだ。これが、賞賛と批判の両方を呼び起こすのである。蘇った種のほとんどは、遺伝子組換え生物（GMO）ということになる。つまりどう言い換えても「遺伝子組換えの野生動物が大量に解き放たれる」ことに対して、人々がどう思うかという問題なのだ。今、多くの医薬品が遺伝子組換え生物の助けを借りて生産されていることを、気にする人は少ない。一方、ニンジンやジャガイモ、トウモロコシやトマトの話になると、遺伝子組換え作物を不安に思う人はたくさんいる。

「ライアンは長いこと遺伝学の研究をしていたので、人々が遺伝子に関して抱く恐怖を、何であろうと過小評価すべきではないと言っているよ」とスチュアートは言う。

彼と話した二、三週間後、私はネット上で、ここ一〇〇年の間に絶滅した動物すべての画像が並んだサイトを見つけた。一番上の写真は、アメリカ東部で暮らしていたが、二〇一五年に絶滅したとされる金色のピューマだった。一番下は、茶色と灰色のフクロウの絵だ。初めて発見された時の鳴き声のせいでワライフクロウと名付けられたが、一九一四年に絶滅してしまった種である。

ＩＵＣＮ（国際自然保護連合）の絶滅動物リストには、一六〇〇年代に消えたオーロックスから現在に至るまで、八三四種の動物種が載っている。もう一つ、野生では絶滅し、今はもう動物園にしかいない六九種の動物リストもある。五〇〇年間で九〇〇種が消えたと聞いても、そんなに多いとは感じられないかもしれない。一方で研究者たちが約一五〇〇万の動物を発見したと聞けば、特にそう思えるだろう。動物や植物の種がいくつあるのか、いまだ正確にはわからない。最新の大規模な研究では、八〇〇〇万種以上だと言われている。科学的推測では、二、三〇〇〇万から五〇〇〇〇万までの開きがある。

だがIUCNがリストアップした九〇〇〇の動物は、氷山の一角に過ぎない。私はキタシロサイや大きなネコ科動物、コウモリ、カメ、カタツムリ、カエルの写真や絵を見ながら、これは今までに消えていった種のうち、ほんの一部に過ぎないんだなと思った。ここに載っているのは、消えてしまう前に存在を証明されることができた種だけであり、どこかの森の奥深くで誰にも知られず消えていった種がいくつもあることは、間違いないのである。

一六〇〇年代以降、一体いくつの種が実際に絶滅していったのかを見積もることは難しい。科学的な見積もりには、恐ろしく幅がある。私たちがその存在にすら気付かないまま、大量の種が失われているのだ。動物以外にも、たくさんの植物やキノコ類、藻などが消えている。

種の絶滅など、些細なことだとも言える。それは絶えず起こっている進化の根幹部分であり、生命が新しい環境に適応するための能力でもある。世界が変われば、全員が生き残ることはできない。水の中を泳いでいた最初の多細胞生物から南アメリカの巨大なオオナマケモノに至るまで、地球上に生きていたことがあるすべての種のうち、九九パーセント以上が絶滅している。

生命の歴史の中で、ほとんどすべての種が一度に絶滅してしまったことが、数回だけある。何らかの大災害が地球を襲い、生きる環境が根本的に変わってしまったのだ。古生物学者たちが発見した化石に見られる集団墓地の跡から、ここ五億年の間にそういう大量絶滅が五回起こったとされている。最も古いものは四億五〇〇〇万年前に起き、大きく見積もって全体の七〇パーセントの種が消えた。その頃、世界中の動物は海の中で暮らしており、何が起こったのかはよくわからない。ある説では、何らかの理由で海面と水温が極端に下がったのではないかと言われている。

五つの大量絶滅のうち最後のものは、約六五〇〇万年前に起こった。地球に小惑星が衝突し、七五パーセントの種が絶滅した。鳥に進化した一部のグループを除き、恐竜が絶滅したのもこの時だ。

現在、多くの研究者たちが、我々は六回目の大量絶滅の時期に入ったと言っている。新たな世界規模の大災害と、変化の時代だと。今回のメルトダウンに責任があるのは、我々人間だ。我々は、人間がいなかった頃と比べると圧倒的に速いスピードで、種を消滅させている。我々は彼らを狩り、彼らが暮らしていた場所を変化させ、一つの種の滅びは、もう一つの種の滅びに繋(つな)がっている。最新の科学的見積もりによれば、ここ五〇〇〇年ほどで地球上から消えた種の一三パーセント、一〇分の一以上が、人間のせいで滅んだのだそうだ。そのほとんどが、私たちが自然界に最も影響を及ぼしたアメリカやヨーロッパで消滅している。

私は消えた動物たちのサイトをスクロールし、いまいち理解しがたい感情にとらわれている。数字と美しい画像が入り交じっていて、その順番が脳内でぐちゃぐちゃになるのだ。

一体いつこの現象が始まったのかという議論が、続いている。多くの研究者が、人間がマンモスやその他の太古の動物たちを殺し始めた時から既に始まっていたと主張しており、スチュアートもその一人だ。

「私たち人間は、ここ一万年間で自然界に大きな穴を開けてしまったのだ。私たちには今、その傷の一部を修復できる可能性がある。さまざまな方法で、残った種を守ってやるんだ。そして消えてしまった種のうちのいくつかは、取り戻すこともできる」と彼は言う。

彼のビジョンでは、地球は合理的レベルの生物多様性（彼はそれを、生物豊富性と呼びたいらしい）を取り戻していないことになる。生物学的に十分な豊かさが必要なのだ。種を復活させるだけでなく、今いる動物たちに、生き残るだけではなく繁栄するためのよりよいチャンスを与えてやらなければならない。

「私は、たとえば海にいるタラに昔と同じくらい大きくなってほしいんだ。人々はアフリカの国立公園に行って、動物でいっぱいのサバンナを見る。たくさんの動物と、多様な種だ。ヨーロッパだって、かつてはそんなふうだったんだ。北アメリカもそうだ。北極にさえ、王国はあったんだよ。それこそが、私たちが取り戻さなきゃいけないものだ」と彼は言い、「緑の世紀としての二〇〇〇年代」というおのれのビジョンを売り込んでこようとしてくる。現代の恐るべき発展を、方向転換すべき時だと。彼は、この二〇〇〇年間にわたる破壊の時代のあとの、再建と再構築の時代を待ち望んでいる。彼の環境に対する興味は、六〇年代から変わらず大きいままであると知れた。

スチュアートの緑のビジョンについてどう思うかはともかく、彼がそれを経済成長の妨げになるとは思っていないということは、断っておく必要があるだろう。むしろ彼は、私たち人間がどうすれば自然への依存から解放されるのか、そしてそれによって自然により広い空間を明け渡してやれるのかを考えている。アメリカやヨーロッパの森は戻ってくる、と彼は言う。放棄された荒野に、木は育つと。技術が進歩しすぎたとも言える国々では、より効率的な農業によって、広大な農地を必要としなくなる。場所によって進捗のスピードは違ったとしても、世界はそうなっていくだろうと彼は確信しているのだ。

これは、争点となる問題だ。一部の研究は、スチュアートが正しいと示している。私たち人間は、食料生産のためにこれまでほど大きな土地を必要としなくなるだろうというのだ。つまり、かなりの地域が多かれ少なかれ野生に戻ることができるということになる。もちろんこれは、農業がより効率的になったとしても、その効率の向上が他の要素、たとえばバイオ燃料やより多くの食肉動物のための飼料の耕作などで相殺されてしまわないということを前提にしている。この発展が別の方向へ進み、世界中の耕地がなくなってしまうリスクについて警告する研究者もいる。

実際、ヨーロッパやアメリカ、アジアの一部では既に森が戻り始めている。二つ例を挙げれば、フランスでは現在一六〇〇年代の終わりと同じくらい森が存在し、インドの森は一九九〇年代以降少しずつ大きくなってきている。

耕作放棄地と再び成長しつつある森は、絶滅動物の再生と近い関係にあるもう一つの活動のきっかけになっている。つまり、失われた生態系の復活だ。ヨーロッパや北アメリカを野生化しようとしている組織がある。特定の種ではなく、むしろ失われた野生の自然全体を取り戻そうというのだ。ライアンとスチュアートの活動にも、そのような思想はある。彼らは、お互いにリンクしたこれらすべての要素に注目しているのだ。新しいバイオテクノロジー、絶滅動物を蘇らせる能力、人間が自然への依存を減らすこと、新しく野生化した自然、そして魅惑的な生物豊富性などである。

このような理論的な議論の真っ最中に、スチュアートは私にスウェーデンのビーバーはどうだと尋ねてきた。スウェーデンのビーバーは一八〇〇年代後半に絶滅したが、一九二〇年代に再び導入された。ノルウェーのビーバーが放たれて、新しい血統を作り上げたのだ。

「順調ですよ」質問に少し困惑しながら、私は答えた。ノロジカやヘラジカと同じように狩りができるほど、たくさんのビーバーがいますよと。「素晴らしい！」と彼は言い、顔を輝かせた。「私は、そういうプロジェクトが未来を評価する目安になると思うよ。かつて狩られ、そして消滅した動物が、再び狩られるようになる。それだけ、いて当たり前になったということだからね」と彼は言う。

スチュアートは、動物再生のために開発した遺伝学的ツールが、絶滅危惧動物を救うために使われることにも期待している。たとえば近親交配や遺伝病などを避けるために、それを使えるのではないかと。当然かつ異論の出しようもない見方だが、そんなことが可能かという問題はある。まず新しい技術が進歩し、新しい知識が発見され、そして人間の関与が維持されることが必要だ。理想的な条件下であったとしても、よくて「失われたものに似た何かを作ることができるかもしれない」というだけの、複雑で面倒な技術なのだ。何が起こるかは別にしても、絶滅種の大多数に使える方法というわけでもない。彼はこの技術が、現在消えつつある種に必要な松葉杖としてはたらき、失われた種のうちほんのわずかなものを取り戻す可能性を持つことにはなれるのではないかと考えている。

彼が描き出す世界は、魅力的だ。だが、恐ろしくもある。そこは、人間が本気で自然の管理人となった世界だからだ。今は野生で不可侵だと思っていることまで、管理しようとしている。人間が責任を負うが、力も行使する世界だ。新しい動物を放ち、新しいバージョンの生態系を構築し直し、動物たちがよりうまく暮らしていけるよう、遺伝子を変化させる。ハイテクでユートピア的な、生物学版スタートレックだ。私はこの思想について自分がどう考えているのか、明言できる自信がない。

調査を進め、スチュアートとの会話を噛み砕こうとしていた時、私は「ソラスタルジア」という言葉にぶち当たった。オーストラリアの哲学者グレン・アルブレヒトが提唱した概念だ。言葉が意味するものは、愛する土地の自然が変わってしまった時の悲しみ。森や野原や湖が、人間のせいで姿を変えてしまったことに対する苦悩である。私は、スチュアートのビジョンを聞いた時に感じたのは、太古のソラスタルジアの一種ではなかったかと思っている。自然がこれから経験していくだろう、すべての変化を前にしての感傷だ。

途方もない計画について聞いたあと、私はもっと具体的な例を見なければならないと感じた。そんな未来が意味するものが何なのか、より鮮明に描いたビジョンを得るために。

第4章 翼のある嵐

これは、最後の一つと最初の一つについての物語である。

マーサは私に背中を向け、小さな棒の上に座っていた。彼女は首をねじ曲げていたので、その澄んだ赤い目と、虹のように柔らかに煌めく背中の羽根とを見ることができた。他のほとんどの部分は茶色だが、羽根の一本一本が温かな色彩で変化していた。しっぽは長く尖っており、身体は街にいる普通のハトより細長かった。その後ろに座っているオスは、胸羽が桃色、喉元は煌めく紫色でマーサより人目をひく。だが、目が離せないのはマーサの方だった。

マーサは死んでいる。一〇〇年以上前に死んだのである。一九一四年九月一日の午後一時、シンシナティ動物園の職員が、檻の床の上に横たわる彼女を見つけたのだ。二九歳だった。その身体は氷漬けにされ、ワシントンD.C.にあるここスミソニアン研究所に送られた。ここで内臓はホルマリン漬けにされ、剥製師がその身体を美しいポーズを取るよう組み立てた。私が今見ているのは、その剥製である。

ジョン・ジェームズ・オーデュボン画、リョコウバト（Columba Migratoria）、1824年、ペンシルバニア

「これは、一つの種がいつ絶滅したのか、時間まで正確にわかっている稀なケースの一つです」

ここで鳥のコレクションの仕事をしているクリストファー・ミレンスキーは、私の隣でマーサを見つめながら言った。

マーサは、リョコウバトの最後の一羽だ。最後の四年間を、動物園で孤独に過ごした。伴侶を見つけた人には、多額の報奨金が約束されていたのにである。種の絶滅はよくあることだし、いずれかの個体が最後の一匹になるのは当然だ。だが絶滅より五〇年足らず前には、リョコウバトは世界で最も一般的な鳥だったので、マーサは特に注目を集めたのである。

リョコウバトが何羽いたのか、正確な数を知ることは不可能だ。だが一九世紀半ば、アメリカ東部にはおそらく三〇億から五〇億羽のリョコウバトがいたと思われる。比較として言うなら、今日スウェーデンにいる鳥の数は、全部で約七〇〇〇万羽だ。リョコウバトは大きく、しかも密度の高い群れで生活していた。彼らが通ると三日間空が真っ暗になり、糞(ふん)が「雪のように」降ってきたという記述がある。抱卵場所では、糞が三〇センチも積もった。行く手にあるすべてを食い尽くし、果物や木の実がすっかりなくなった。農地に舞い降りれば、穀物を食べようとしてお互いの背中に乗り合うほどだったとまで言われている。旅する群れはそれぞれが億単位、ひょっとすると一〇億羽くらいいたかもしれない。アメリカ全土で、巨大な群れがおそらく一〇近くはあったと思われる。

群れは絶えず国中を移動していたが、他の渡り鳥と違って決まったルートがなかった。一度

ルイジアナで狩られるリョコウバトの群れ。『The Illustrated Sporting and Dramatic News』誌より
1875年7月3日発行

訪れた場所は、そのあと数年間は避けるのである。木の実や種をつける木々が自分たちの侵略から回復するまで待つのだ。おかげで彼らがいつ現れるかは誰も予測できず、たまたまその時間にその場所で群れと遭遇した人だけが、ハトを撃つことができた。リョコウバトは、まずアメリカの先住民たちに、そして移住してきたヨーロッパ人たちに乱獲された。だが群れが密だったので、種を脅かすほどの数が殺されることは決してなかった。

「電信と鉄道が、彼らに大打撃を与えたんです」とクリストファーが説明してくれた。

電信によって群れがどのあたりにたむろしているかを知ることができるようになり、撃たれたハトたちは鉄道で素早く街に送られ、食べ尽くされた。群れがどこにいるかわかりさえすれば、狩りはバケツの中のニシンを釣るくらい簡単だった。彼らは、大きな網で捕らえられた。丘の上に立った人が低く飛んでいる群れの中にステッキを突っ込んで振り回すだけで、ハトを殺せたなどという記述が残っている。ハトの死体は氷と一緒に樽に詰めて輸送され、一時期、リョコウバトの肉はアメリカで手に入る肉の中で最も安かった。

群れはあっという間に小さくなり、リョコウバトは消えつつある、救うべきだという声が高まり始めた。だが、その不安は無視された。経済のためにその肉が重要だったこともあるが、何よりこんなありふれた生き物を人間が根絶やしにできるなどという考えは、馬鹿馬鹿しいと思われたからである。

二〇世紀初めには、人間が絶滅させてしまった動物リストは、まだ安心できるほどの数だった。中でも最も有名なのは、ドードーである。モーリシャス島で暮らしていたハトの一種で、一六世紀に船乗りたちによって発見された。七面鳥より大きく、警戒心が弱く、飛べなかったこの鳥は、島のそばを通りかかる船にとって絶好の肉の供給源だった。生きたドードーが、ロンドンなどの動物園へ連れて行かれたりもした。おかげで彼らは、急速に数を減らしていった。最後のドードーが目撃されたのはおそらく一六六二年だが、ドードーが本当に絶滅したと科学者たちが理解したのは、ようやく一九世紀になってからである。一つには多くの人が、ドードーは伝説中の生き物であり、実在していないとかなり早いうちから信じ始めていたせいだ。研究者たちですらそうだったのだ。ドードーは、『不思議の国のアリス』の中のおしゃべりドードーなど、芸術や文学の中で人気者になった。

だが何よりもまず、動物が絶滅するはずがないという思い込みがあったのだ。宗教的な面から、神が作りたもうた種が消えるわけがないと思われていた節もある。また、自然は安定して変わらないものだとも思われていた。動物の絶滅を初めて証明したのは、フランスの動物学者ジョルジュ・キュヴィエである。彼は化石を掘り、それらがリンネの分類システムにどう当てはまるか、そして現存の種とどのような親戚関係にあるかを調べた。また一七九六年に発表した画期的な論文の中で、彼はマンモスの親戚であるマストドンの骨が、現在のゾウとは別種のものであることを証明した。つまり、今はもう絶滅してしまった種がいたはずだということだ。それまで化石は、ノアの大洪水以前に生きていた動物、もしくは当時別の場所で暮らしていた種の別バージョンだと説明されていたのである。それでもまだ、種の絶滅は例外的なものだと言われていた。一九世紀末になっても、研究者たちですらアラスカの荒野のどこかにマンモスが生きていると信じていたのだ。だからリョコウバトの数が減っているという警告を真面目に取り合う者がいないのも、特におかしいことではなかったのだ。

一九〇〇年三月二二日、一人の少年のエアガンによって、最後の野生のリョコウバトが撃ち殺された。残りは世界中の動物園で暮らす数羽だけになり、マーサが最後の一羽になったのだ。「リョコウバトは、独自の生態系を作り上げたスーパーバードなんだ」と、リバイブ&リストアのベン・ノヴァクは言う。「彼らは風景を変えてしまう翼を持つ嵐であり、森林火災と同じくらい影響力があった。何万年もの間、大きな群れを作って飛び続け、僕ら人間がいなければ、今もそうしていたはずなんだ」

　彼はリョコウバトを再び蘇らせようと決心し、残りの人生をその実現のために捧げようとしている。

「人々は、宇宙探査競争のことを考えるのと同じように、動物たちを復活させる可能性について考えるべきだ。長い時間がかかるだろうし、技術や知識を大きく前進させなければならないだろうけれど」と彼は言う。

　ベン・ノヴァクは若い。一九八七年生まれで、見かけはカリフォルニアのヒップスターそのものだ。短いあごひげを生やしていて、デスクの上はトランスフォーマーのフィギュアだらけだ。私は彼に、サンタクルーズの研究室で会った。サンタクルーズはサンフランシスコの少し南側に位置する、ヒップスターとヒッピーとサーファーで成り立っているような街だ。街の食料品店にあるものはみんな有機栽培であり、かつ地産地消で小規模生産だ。浜辺には、イヌの飼い主に可愛いペットたちのあとをきれいにするよう促す「ここには、糞（ふん）を始末してくれる妖精はいないよ」という看板が並んでいる。

　ベンはヒッピー感覚に少しうんざりしており、最近のトレンドを見ていると、まるでここの住民たちは誰もがグルテンを消化しにくいグルテン不耐症だと思ってるみたいだと冗談を言った。大学にいる他の若い研究者たちと異なっている点はただ一つ、彼のハトに対する絶大なる情熱だった。

「僕の母方のおじいちゃんが、ハトの飼育方法と手からハトに餌をやる方法を教えてくれたんだ。僕の夢は、ジャングルみたいな大きい檻を作って珍しい種を放ち、そこで朝の紅茶を飲んだり、夜には一杯のワインを飲んだりすることなんだよ」と彼は言う。

一三歳の時、彼はドードーを復活させようと決心した。だが数年後、とある本で絶滅したリョコウバトの写真を見て、自分が蘇らせたいのはこれだと決めたのだ。

「一六歳の時に初めて剥製のリョコウバトを見たんだけど、めちゃくちゃインパクトがあったよ」と彼は言う。「はじめのうちは、絶滅種の再生は過去の遺物再生の一つの方法だと思ってたんだ。でも考えれば考えるほど、動物の復活は人類が責任を取るべきことであり、これまでに起きてしまった災難から自然を取り戻すために必要だと思えてきた」と彼は続ける。

ベンがリョコウバトを再び取り戻したいと思う最大の理由は、多くの人がむしろ非常に厄介だと思っているところにある。つまり彼らが嵐のように移動し、行く手にあるものすべてを食い尽くしてしまうという点だ。

「すべての種が生きていくためには、森には時々森林火災が必要なんだ。それは理にかなったことなんだ。アメリカ東部の森も、たびたび〝空飛ぶ嵐〟に襲われるようにできているんだよ。たとえば樫の木は、時々リョコウバトが来て枝の間を飛び回ってくれた方が、より健康になるし実もたくさんつけるようになるんだ」と彼は言う。

ベンは、どうやってハトを再生しようというのだろう？　まずやるべきことは、世界中の博物館にある何百体もの剥製のリョコウバトのゲノムを調べることだ。因みに彼は、世界中のリョコウバトの剥製を全部見るという目標を持っており、私がルンドの動物学博物館に二体ありますよと教えたら、興奮していた。

彼は、世界中に保存されているいくつかの剥製のハトの、足の爪の内側の小さな肉片からサンプルを取った。人が自分の指をつまむ時につまむのとほぼ同じところである。私が、ヘンゼルとグレーテルの魔女が子供たちがよく太ったかどうか確かめる時につまんだんじゃないかと思っている場所だ。

剥製にされ、一〇〇年間博物館で埃をかぶっていた動物から取ったゲノムを調べるのは、生きた動物の新鮮な細胞の分析に比べるとかなり難しい。動物が死ぬとすぐにＤＮＡ分子の破壊が始まり、バラバラになってしまうからだ。温度が高いほど、そして時間が経つほど破壊は進み、分子はより細かくなっていく。それだけでなく、ハトのゲノムが剥製の中や表面に住むバクテリアやダニなどのＤＮＡと混ざり合ってしまう。また剥製をよりよい状態に保つためにいろいろな化学薬品が使われたりしていれば、その物質がＤＮＡ分子を普通以上に壊してしまうかもしれない。爪の内側の肉片はゲノムが一番残りやすい場所なのだが、それでもかなりボロボロになっている。

ベンは、他の研究者たちがマンモスのＤＮＡを調べるためにやったのと同じことをやった。つまり、近しい親戚の種のＤＮＡをモデルとして使ったのだ。それは、パズルのピースを一つ一つ蓋に描いてある絵と比較しながら組み立てていくような作業だ。ベンはリョコウバトの遺伝子を、今生きている中で最も近いオビオバトのそれと比較し、完全なリョコウバトのＤＮＡを組み立てることに成功した。

「次のステップは楽しいよ。二つの種の間にどんな違いがあるか調べるんだ」と彼は言う。簡単に言えば、オビオバトを少しずつリョコウバトに作り替えていくということだ。ボストンのジョージが、ゾウをマンモスに作り替えようとしているのと同じ方法である。それを成功させるには、まずリョコウバトをリョコウバトたらしめている遺伝子はどれかを知らなければならない。彼らが探している遺伝子のいくつかは、見かけに関するものだ。リョコウバトは、速く飛ぶために重要な長くて三角のしっぽを持っている。また、オビオバトはオスとメスで外見は変わらないが、リョコウバトのオスとメスは見た目が違う。だがベンと仲間たちが完全に正しい外見をしたハトを作り出したとしても、まだ十分ではないのだ。

「実験の鍵となるのは、密な群れで暮らすという行動だ。ハトたちに群れを作らせることができなければ、失敗なんだよ」とベンは言う。

つまり最も難しいのは、ハトの行動に影響するいくつかの遺伝子を見つけることなのである。これは動物の外見を決める遺伝子に比べ、ほとんど研究が進んでいない分野だ。世界中のたくさんの研究グループが、いろいろな動物でその行動と遺伝子を結びつけようと努力してはいるが、これはまだ生まれたばかりの分野だ。それに、マウスの行動に影響を与える遺伝子が、鳥の同じ行動に影響を与える遺伝子と同じかどうかはわからないという問題もある。だがベンは、そのような相似を見つけられるだろうと期待している。

「僕らは、リョコウバトのしっぽの形や羽の色を決める遺伝子がどれなのか正確には知らないし、神経や行動の遺伝子についてもわからない。よく研究されているはずの人間の場合でさえ、恐ろしく困難な仕事だったんだから、これはもっと面倒だよ」と彼は言う。

彼は、とにかく候補遺伝子を見つけ出そうとしている。求めている効果を出すはずの遺伝子を見つけ出し、それが変化したら何が起こるのか調べるのだ。そして次のステップは、互いに協力し合う遺伝子の正しい組み合わせを見つけ出し、オビオバトではたらかせてみることだ。

「ある意味、僕らは新しい種を作り出そうとしてるんだ。絶滅した種から遺伝子を取って、それを生きた種に入れ込もうとしてるんだから」とベンは言う。

どの遺伝子を変化させなければならないかがわかったら、次は本当に難しいステップだ。鳥のゲノムを、実際に操作するのだ。マウスの胚の初期段階での操作や、ゾウの細胞の遺伝子の変化は今では比較的簡単になったとはいえ、鳥の卵の中にある胚でそれを行うのはかなり難しい。卵の黄身が、周りを囲む殻から正しい距離を取って白身の真ん中に収まる方法を考えたことがおありだろうか？　ベンと会うまで、私だって考えたことはない。

「生まれるまで安定した子宮の中で静かにしている胎児と違って、鳥の胚や卵を作る材料は、ジェットコースターみたいに中で転がるんだ」と彼は語る。「交尾のあと、母鳥の長い卵管の一番てっぺんで、黄身の中に塵みたいな胚が作られる。そこから、くねくねした運河を辿る旅が始まるんだ。そこで卵(らん)は何層もの卵白の中に転がり込み、そこへカルシウムが吹き付けられて殻になる。そして最後はお母さんから生まれてくるんだ」

卵が生まれた時には、ヒナはかなり成長してしまっており、鳥全体に影響を与えるような遺伝子操作を行うには遅すぎる。胚は既に、何千もの細胞で成り立っている。だから研究者が操作するとしたら、くねくね旅の間にできかけの卵をとり出し、遺伝子を操作し、それを再び元に戻すしかないのだ。そんなことをしたら卵を傷付けるし、母鳥はおそらく死んでしまうだろう。

研究者にできるのは、その小さなヒナが次に産むことになる卵に手を加えることだ。胚が発生している間、のちに卵や精子になるはずの細胞は、胚の片側の特別な場所にある。そのあとそれらは身体の中を移動し、正しい場所に落ち着いて卵巣や睾丸となるのだ。卵が生まれた直後なら、それらは表面に近い取り出しやすい場所にある。

研究者は、この細胞のうちのいくつかを取り出してそこにリョコウバトの遺伝子を入れ、それを戻して発生を続けさせようと計画している。操作されたハトのヒナはどう見てもオビオバトにしか見えないだろうが、遺伝子操作された卵もしくは精子を持っている。そういったハトが交尾すれば、そのヒナはリョコウバトになるはずだ。少なくとも、ベンはそう見込んでいる。

「僕らが探してるのは、リョコウバトの性質そのものなんだよ。それを見つけるためには、遺伝子を見ないといけないんだけどね。僕らは、リョコウバトの正確なコピーを作りたいわけじゃない。自然の中で、かつてリョコウバトが担っていたのと同じ役割を果たしてくれる鳥を作りたいんだ」と彼は言う。

鳥からこれらの細胞を取り出したり戻したりする操作自体は、少なからぬ研究者が既に成功している。異なる種の間での移動もできる。メンドリに、アヒルやウズラ、ホロホロチョウになる卵を産ませることに成功しているのだ。だがハトで試した者はまだいないし、このような細胞で遺伝子を変化させる研究が初めて行われたのは、つい最近の二〇一六年である。この技術を発展させることが、このプロジェクトの最大のチャレンジになるだろう。

「もしこれが機能しなければ、僕らはまず前に進めない。そうなったら、どれだけ僕らがゲノムを研究しようが、どの部分を変化させたいと考えようが、意味がない」と彼は言う。

彼らが成功すれば、まず一つもしくは複数の遺伝子変化を持ったハトが、複数の世代にわたって生まれる。そうすればその効果を調べて、リョコウバトに似た鳥を作るために必要な遺伝子の正しい組み合わせを見つけられるのである。

「僕らはまだ、最初の一羽にどんな名前をつけるか決めていないんだ。研究室のボスは、彼氏の名前を取ってエドって名付けたいらしいんだけど、僕はもっと壮大な名前を考えてるんだ。いずれにしろ最初の一羽には、マーサとか最後のオスだったジョージって名前はつけないだろうね」とベンは言う。

それには、数年かかるだろう。ベンは、何らかの遺伝子変化を持った最初のヒナを二〇一八年には孵化させ、プロジェクトがスタートして一〇年になる二〇二二年には、遺伝的に完全なリョコウバトを生み出したいと願っている。だが、たとえ正しい遺伝子を持ったヒナが生まれたとしても、プロジェクトの終了にはならない。ヒナたちをちゃんと育てられるかどうかも重要なのだ。

「遺伝子は、ある個体がどうなれるかという大枠を決める。でも、実際その枠組みのどこに落ち着くかを決めるのは、環境なんだ。ハトたちの行動に影響するだろう正しい遺伝子を与えるだけじゃ、彼らが正しい方法で行動することになるとは言えない。ここで人は、環境と遺伝子の興味深い共演という問題に向き合うことになるんだ」と彼は言う。

つまり最初の新しいリョコウバトが孵化しても、正しい方法で育て、ゆっくりと森に慣らし、しかる後に野生に放つには何十年もかかるというわけだ。

「僕は、これとかち合うような他の大きなプロジェクトには、一生関わり合わない。残りのキャリアは、全部リョコウバトに捧げるつもりなんだ」とベンは言い、私が「生涯仕事が決められてるなんて思うと、窮屈にならない?」と尋ねると、大笑いした。「僕がこうありたいんだし、僕がやりたいのはこれなんだよ。実際、将来の仕事が保証されてるなんて、かなりけっこうじゃないか」と彼は言って微笑んだ。「僕には婚約者がいるんだけど、彼女は僕がハトで百万長者になるだろうからこそ一緒にいてくれるんだよ」と、冗談まで言った。そう、あくまでも冗談だ。ベンはむしろ、ハトでは一ドルも稼げないだろうと思っているし、プロジェクトが大学の管理下で続くことを願っている。

だがハトを実際に放つことに議論が及ぶと、プロジェクトに対する批判が集まり、絶滅種の復活に関して人々が居心地の悪さを感じるようになる。そんな中でベンは、遺伝子操作した動物を野生に放つ目的は、自然に対して大きな影響を与えることだと提案している。

「遺伝子組換え生物についての議論はいろいろな意味でまだ新しいし、非常に熱く緊張した状態にある。僕らは自分で動物を操作し、設計して作ろうとしているんだ。そこが、種の保護を進める他のプロジェクトと違うところだよ」と彼は言う。

リョコウバト復活という彼の試みと、農業で使われている遺伝子組換え作物との大きな違いは、このプロジェクトが金儲けのためではないということだ。リョコウバトの遺伝子操作で特許を取ろうとする人はいないし、ハトを自然に放つことでお金を稼ごうとしている人もいない。

農業における遺伝子組換え作物の使用には、多彩な歴史がある。最初の組換え植物が一九八三年に作られた時、研究者たちは既にバクテリアや動物での遺伝子操作に成功していた。その技術はさまざまな研究の中で使われ、遺伝子操作された微生物を用いて、多くの医薬品が製造された。たとえば糖尿病患者が使うインスリンのほとんどは、この方法で作られている。だがこの技術が商業的に画期的な大改革を遂げたのは、農業においてだった。一九八〇年代の終わり、バクテリア由来の遺伝子によって昆虫に対する毒性物質を作るようになったタバコの苗での、フィールド実験が行われた。その毒は苗を害虫の攻撃から守るものであり、BT剤と呼ばれ、今でも農業ではその性質を作物に持たせるための遺伝子操作が行われている。今日、インドではこの遺伝子を持った綿が大量に栽培されている。問題は、昆虫がBTに対して抵抗性を持つようになり、遺伝子の修正がもはや以前ほど効果的でなくなってしまったことだ。

一九九〇年代の初めには、商業的耕作用として認可されている遺伝子組換え植物はそれほど多くなかった。ジャガイモ、タバコ、トマト、トウモロコシの一種などである。だがその使用は爆発的に広がり、今では遺伝子組換え作物が作られている耕作地は、地球上の全耕作地の一二パーセントにもなる。現在用いられている遺伝子組換え作物の多くが、強い農薬に対して耐性があるものだ。つまり、雑草は死ぬが遺伝子組換え作物は生き残るというわけだ。

この進歩に対する世の中の批判や恐怖は大きい。科学界では、遺伝子組換え作物は食べても危険ではないということで大方合意している。だがこの技術が広い範囲で使われることによって、農家がより大量の、もしくはより危険な農薬や殺虫剤を使う羽目に陥りかねないとの見方もある。モンサントなどの企業が遺伝子組換え作物と農薬をセットで販売している。また特定の作物につく昆虫に、有害な効果があると指摘する研究もある。多くの人が大きなリスクだとしているのは、農作物がその野生の親戚と交配し、操作された遺伝子が自然界に拡散して、人間の管理の手を離れていくのではないかということだ。

遺伝子組換え作物にまつわる、もう一つの影響力ある大きな問題は、特許だ。新しい遺伝子組換え作物を開発した企業は、作物と遺伝子の変化とで特許を取ることができる。そのせいで作物は農家にとって高価になり、特許をたくさん持っているモンサントのような企業は、途上国の貧しい農民たちを利用していると批判されるのだ。だがここ数年で、過去の特許のうちの多くが失効している。つまり今では、最初にそれを開発した企業に所有されていないジェネリック遺伝子組換え作物が、生まれ始めているのだ。

遺伝子組換え作物には、環境に優しくて資源節約型の農業のための作物が開発できるというプラスの面もある。旱魃(かんばつ)や寒さ、地中の塩分などに対してより強くなる遺伝子を作物の苗に入れる試みは、既になされている。だがこの開発は、まだそれほど進んではいない。最も広範囲で使われるようになった作物は、「ゴールデンライス」だろう。栄養価が高い初めての遺伝子組換え作物として、二〇〇〇年に開発されたイネだ。このイネにはビタミンAが豊富に含まれており、コメを主食とする世界中の貧しい国の子供たちがかかる、ビタミンA欠乏症の予防になる。毎年六〇万人の子供が、ビタミンA欠乏症で死んでいるというデータがあるのだ。このイネですら、遺伝子組換え作物に反対する組織からは批判されている。

私とベンはしばらくの間、遺伝子組換えのリスクと人々の不安について話し合った。彼は、自分が関わるハトや他の操作動物は商業的な目的ではないからこそ、この問題を回避できるのではないかと期待している。お金儲けをしようと企んでいる企業は関与していないし、目的は自然保護だ。

「僕は、動物を蘇らせようというこれら最初のプロジェクトが、生態系を元に戻すためのものであって、家畜や研究室で使われる実験動物を作るためのものじゃないってことが、社会的にも僕個人にとってもとても大事だと思ってるんだ。もし発売された最初の製品が、ただ強い農薬に耐性を持つだけの作物じゃなくてビタミン豊富なイネだったとしたら、人々は遺伝子組換え作物にもっと違う目を向けたんじゃないかなと思うよ」と彼は言う。

プロジェクトについて人々に語る時、彼が直面するもう一つの問題は、より哲学的なものだ。復活した動物たちは、他の種のように進化によって生まれたわけではないから、怪物なのか？

「そういう時、僕はいつも『皆さん携帯を取り出して、ご自分が撮ったペットの写真を見て下さい』ってお願いしたくなるんだ。特にイヌやネコをね。彼らは自然界にはいない、人間によって作られた動物だ。僕らに愛されるような特性だけを選んで、操作して完成したんだよ」と彼は言う。

最初のリョコウバトの孵化に成功したら、まず彼らを森の中の大きな囲いの中に移し、自然に慣れさせようと彼は計画している。次のステップは、ハトたちにあちこち飛び回るための群れを作らせることだ。そこでハトたちは、研究者の作業をちょっと簡単にするある行動をしてくれる。飛び立つ前に、ヒナを残してくれるのだ。

一本の木が、鳥の巣とまだ飛べずに置いて行かれたヒナたちでいっぱいになっているところを想像してほしい。彼らはお互いに鳴き交わし、仲間同士の絆を結び始める。まだ飛べないうちから、研究者がプロト群(ぐん)と呼ぶものを作り始めるのだ。生涯の初期に作ることになるグループだ。そこでヒナたちは、一緒に飛ぶことを覚えていく。

「彼らがやっていたと思われること、ハトの社会が作られるために決定的と思われることは、若い鳥たちが群れを作り、成長して強くなった時に、大人の群れに合流することだ。だから若い鳥のグループ内での社会的繋がりは、とてもとても重要なはずなんだ」とベンは言う。

少し経つと、大人のリョコウバトの群れが近くを通りかかり、若鳥の小さな群れはその羽ばたきに引っ張られて飛び立つ。その行動を確実にするために、ベンは伝書バトのグループをあちこちに飛び回らせるよう訓練し、彼らの羽にリョコウバトに見えるような色を塗って、ヒナたちのそばを通りかからせようと考えているのだ。そうやってヒナたちはあちこち移動することを覚え、伝書バトの助けによってさまざまなルートを飛ぶので、あらかじめ決められたルートだけを辿ることはない。そのあと少しずつ伝書バトを減らしていき、既にあちこち飛び回ってきた大人の群れにヒナを合流させるのだ。

「鳥たちが正しい方法で飛び、十分に密集した群れを保ち、正しく動いていると思えるようになったら、僕らは網をはずして彼らに外の世界を見せ、自分たちのするべきことをするようにしてやろうと思ってるんだ」とベンは言う。計画はこうなのだが、ヒナたちがついていきたくなるほどの群れになるためには、もしくは大人の鳥が卵を産み安全に繁殖できると感じるには、何羽のハトが必要なのかはまったくわかっていない。リョコウバトは、大きな群れに依存している。蘇ったハトが居心地がいいと感じるようになるまでには、何千羽ものハトが必要になるのではないだろうか。

最終目的は、ハトが森に影響を与え、変えていくようになるほどの大きな群れだ。ベンは、彼らが環境的な影響力を持つようになるには、最低でも一〇万羽のハトが必要だろうと考えている。ひょっとしたら、何千万羽かもしれない。確実な数などわからないのだ。

「アメリカの森は、一〇億羽の鳥の群れを受け入れてくれるんじゃないかと思ってるんだ。森には新しいリョコウバトにとって十分な食料と、十分な場所があるからね。多くの木は樹齢一〇〇年以上だし、その木はリョコウバトと彼らの足の感触を覚えてるんだよ」と彼は言う。

いったいどうなるんだろう？　と私は思う。再びアメリカ中を大きなハトの群れが飛び回り始め、しかも森に影響を与えるほど数が多くなったら？　木の実を食べ尽くしたり枝を折ったり糞の山を作ったりして、森林火災並みの影響力を持ったら？　自然の中で実際に影響力を持つくらい数が多くなるということは、問題を起こすこともあるということだろう。

「僕が新しいリョコウバトにやってほしいと考えていることは、人間を脅かすことにもなり得るんだ。彼らが森の一部を騒がせ、壊すことを願ってるんだからね。激しい雹の嵐や、森林火災みたいに。だけどその厄介事は、たとえば火事ほどには大きなリスクじゃないはずなんだよ。クルマや家に大量の糞をされるのはけっこうキツいかもしれないけど、住宅地が火事になるよりは全然ましだろう？」と彼は言う。

人々がハトによる厄介事を許容できるのかという点については、彼は少し無邪気すぎるように私には思えた。人間が再び彼らを絶滅させるのを防ぐことの方が、遺伝学的な研究よりもさらに大変かもしれない。私たちが話している間に、彼は未来はこんなふうになるかもしれないというビジョンを描き上げた。

「他のハトの場合、国中には三億羽もいるのに一度に見るのは一羽か二羽だ。でもリョコウバトの場合、一つの群れでそのくらいの数になる。二、三ヘクタールの中に、みんな一緒にいるんだよ。群れのいる場所にいれば、そこは鳥の嵐だろう。でも他の場所では、ハトなんかまるでいないみたいなんだ」と彼は言う。

「考えてみてよ」と、彼はつけ加えた。「二〇八五年には、ニューヨーク郊外の森に一〇〇〇万羽のハトの群れが降り立つ。みんな、その信じられないくらいたくさんのハトと、彼らが自然界でやっていることに感動するよ。バードウォッチャーや学校の生徒たちもやってくるだろう。その数ヶ月は、アメリカ中の他のどの場所にもリョコウバトはいない。みんな、この小さな地区にいるんだ。そのあと、彼らは次の場所へと旅立つ。翌年にも、ひょっとしたらその次の年にも、さらに次の年にも戻ってはこない。彼らが同じ場所に戻ってくるまでには、五年か一〇年かかる。嵐は激しいけど、短期間なんだ」
「だけど、生態系にこういうポジティブな影響を与えるために何羽の鳥が必要なのかはわからない。人間側の需要と環境としての需要のバランスを見つけることが大事なんだ。元気で健康な生態系は、そこで暮らす人間にも、驚くほどたくさんのものを返してくれるよ」と彼は言う。

私は魅了された。そんな鳥の群れを見られたらすごいだろうなと思えた。ひょっとしたらそれは、エベレストや野生のゴリラ、ノルウェー沖のシャチの群れなどを見る時と同じような、荘厳な自然体験になるのかもしれない。自分のクルマが鳥の糞だらけになったり、お気に入りの庭木が食い荒らされたりしても誰も気にしなくなれば、それは十分に素晴らしいことなのではないだろうか。

「僕らの目標は、それが自分たちにどんな影響を与えるかよりも、世界にどれほど大きな影響を与えるかを、人々が考えてくれるようになることなんだ。種の復活のポジティブな効果を知ることは、僕らが社会の中で何ができるか、そして自分たちを取り巻く環境をどう保護していくかを考える時に、種が絶滅してしまう悲劇よりも大きな意味を持つと思うよ。これは種のことだけじゃない。それを超えた意味があるんじゃないかな」とベンは言う。

第5章 ブカルドが蘇るはずだったのに

二〇〇三年七月一三日、ある手術室で帝王切開が行われた。青い手術着を着て白いビニール手袋をした五人ほどの人間が、母親の周囲に立っている。生まれたばかりの赤ん坊を取り上げたのは、アルベルト・フェルナンデス＝アリアスだった。短い毛がびっしり生えた、きれいなグレーブラウンの子ヤギ。鼻先から短いしっぽの先までは約五〇センチあり、脚は長くて細く、蹄は白い。

それは、初めて一つの種が蘇った瞬間だった。その小さな子ヤギは、三年前に死んだメスのクローンだ。彼女は、最後のブカルド（ピレネーアイベックスのスペイン名）だったのだ。

スペインの山中には、長い間アイベックスと呼ばれる山ヤギがいた。中でも最大のグループであるブカルドは、フランスとの国境沿いのピレネー山中で暮らしていた。その長く曲がったツノは狩人にとってのトロフィーとなり、一五世紀の絵画によく描かれている。アイベックスは、文字通り壁を登ることができた。ほとんど垂直の山壁を歩き、絶壁をスマートに飛び越えていく。そのせいでアイベックス狩りは難しく、ますます狩人たちを惹きつけた。一八世紀には既に珍しい存在になり始めており、当然狩人たちにとっての希少価値も上がった。

二〇世紀のはじめ、ブカルドは完全に絶滅したと思われていた。もう何年もの間、狩人たちはブカルドを見ていなかったからだ。ちょうど同時期に、科学者がスペインのアイベックスに興味を示し始め、種を四つの亜種に分類した。ブカルドは、その一つだ。もう一つの亜種はポルトガルアイベックスで、そちらは一七世紀の終わりには絶滅している。だがピレネー山脈は広大であり、ついにスペイン北東部のオルデサ奥地で、小さなブカルドの群れが発見された。彼らが暮らしている山は、すぐ自然保護地区に指定された。一九一三年にはブカルド猟が違法となり、その小さな群れは生き残ったが、四〇頭以上にはならなかった。

アルベルト・フェルナンデス＝アリアスは、一九八九年にこの物語に登場する。その頃の彼は、野生動物と生殖に興味を持つ、なりたての獣医だった。学生時代の彼は、クマからワシまでありとあらゆる傷ついた動物たちを治療していた。兵役の一環として、彼はブカルドの補助受精や人工授精のための技術開発を命じられた。当局は、ブカルドを救おうとしていたのだ。その年の調査で、ブカルドが、もう六頭から一四頭しか残っていないことがわかったからだ。

「研究を始めた時、私たちは何も知らなかった。もうとっくに研究されていただろうと思われるような単純なことですら、わかっていなかったんだ。やることなすこと、全部初めてだった」とアルベルトは語る。

最初の課題は、動物を捕まえることだった。アルベルトは、野生環境で生き残っていた数少

リチャード・ライデッカーによる『Wild oxen, sheep & goats of all lands, living and extinct』という本の中の、ジョゼフ・ウルフによるイラスト。1898年

ないブカルドを傷付けたくはなかったので、スペイン南部で暮らすブカルドの親戚にあたるアイベックスで、研究を進めることにした。すべてはゼロからのスタートであり、アイベックスはよじ登ったり跳んだりするのが上手だったので、効果的で安全な罠の開発に数年かかった。

研究を始めてから三年目の一九九一年は、ブカルドのオスが目撃された最後の年になった。残っている野生のブカルドを捕まえて飼育プログラムをスタートさせるという希望は、これで消えた。だがアルベルトは、捕らえたメスを近しい親戚の種と交配させることで、ブカルドを救う可能性はあるだろうと考えていた。山中に何頭のメスが残っているか、確実にはわからなかったのだが。

「技術の開発には、相当の圧力がかかっていた。しかもこの作業の過程一つ一つが、信じられない作業量だったんだ」と彼は言う。

うまい方法でヤギを捕まえられるようになり、ヤギが傷ついたり逃げたりすることがないよう囲いの中に閉じ込めることに成功した研究者たちは、次にメスが卵(らん)をたくさん作れるよう、ホルモン管理を始めた。山中に生き残っている数少ない野生のブカルドをリスクに晒さぬよう、作業は相変わらず近しい親戚である南スペインのアイベックスで行われた。敢えてブカルドを捕まえようとはしなかったのだ。成熟した卵をアイベックスから取り出し、受精させ、それを代理母である普通のヤギに入れ、子供を産んでもらうつもりだった。そうすればアイベックスのメスたちは、自分で産める数よりも多くの子孫を残すことができる。妊娠・出産をしたり、飛び回る子ヤギたちに乳をやったり世話をしたりする必要がなく、ひたすら卵を作り続けていればよいのだから。

面倒な方法に思えるかもしれないが、この技術はまさに今、他の多くの種で試されている。たとえば現存するヒツジの祖先であるムフロンは、この方法で救えるだろうと期待されている。だがアイベックスに関しては、この技術はあまりうまく機能しなかった。胎児たちの発生が途中で止まってしまい、多くが死産になった。アルベルトが長年の研究、特に子ヤギたちの死産など、実験の失敗について話すのを聞いているうちに、私は受難という課題を考え始めていた。特定の種を救い、蘇らせるために、動物たちにどれだけの受難を負わせてよいものだろうか？

アルベルトが動物や自然の側に立っていることは、間違いない。彼は今、スペインの一地方における自然保護団体の責任者であり、ブカルドだけでなくスペインの自然をできるだけ多く救うことに、人生を捧げている。それが、受難の問題を一層ややこしくしている。彼と話しているうちに、動物の再生に対して支払われるべき代価について、私の中に初めて明確なイメージが浮かんできた。この問題については、この先何度も繰り返し出てくる。

アルベルトが技術開発のために努力している間にも、野生のヤギたちは一頭また一頭と消えていった。代理母のヤギから健康なアイベックスの子供が生まれるようになった時には、ブカルドはたった一頭しか生きていなかった。一九九〇年代終わりのことであり、その頃ある決定的なことが起こった。

「クローンヒツジのドリーが生まれたんだ。それまで我々は、クローンについて考えたこともなかった。それまでは無理だと言われてきたけれど、その時その可能性について考え始めたんだ」と彼は語る。

世界一有名なそのヒツジは、一九九六年七月五日にスコットランドで生まれた。ドリーは、クローンとして生まれた最初の動物というわけではない。ドリーが本当の意味で特別だったのは、成獣のクローンだったということだ。それ以前の実験はすべて胚で行われていたが、ドリーの場合は大人のヒツジから細胞を取り、その細胞核を卵に入れたのだ。その結果この可愛いドリーが生まれ、一九九七年二月に世界中に紹介された。その瞬間まで、ほとんどの研究者がそんなことは不可能だと思っていた。ドリーは多くの新聞の一面を飾り、クローンという知識を本格的に一般に知らしめた。科学の世界にも、彼女は少なからぬ影響をもたらした。

アルベルトにとって、ドリーは研究を続けるための希望となった。

一九九九年、スペイン当局は最後のブカルドを捕らえ、そこから細胞を取って保存することを決定した。当時アルベルトは、スペインの最後のクマたちのうち何頭かを捕らえ、発信器をつけるという試みに従事していた。

「夜にはクマを捕まえ、昼にはブカルドを捕まえようとしていた。二つの国立公園の間は、車で二時間だ。とてもとても大変だったよ」と彼は言う。

ブカルド用に山中にしかけられた罠は、コンテナみたいに大きかった。研究者たちは少し離れたところで腹ばいになり、望遠鏡で観察した。九九年四月二〇日、まだ斜面に雪が残っている頃に、罠が作動した。最後のメスが捕まったのだ。研究者たちが罠に近付き、アルベルトは自作の吹き矢と麻酔薬を塗った矢を取り出した。彼は矢を吹き、麻酔が効くのを待って中に入った。

「皮膚サンプルを二つ取った。一つは左耳の先から、もう一つは左の横っ腹から。発信器のついた首輪をつけ、血液サンプルを取った。それから静かに罠の中で座ったまま、ブカルドが目覚めるのを待った」

セリアと名付けられたそのブカルドは、目覚めるとすぐに放され、その後、一〇ヶ月生き延びた。

「セリアは以前と同じ場所で暮らしていた。だが二〇〇〇年の一月に、発信器からの音が変わったんだ。元気ならピーという音は時々しか聞こえない。だが何かが起こると、ピー音は速くなるんだ。そこで彼女を探し始めたら、倒れた木の下敷きになっていた」と彼は語る。

それを語るのがいかに辛いかは、その語り口からわかった。彼は時に口ごもり、何度も唾を飲み込んだ。だが、どんなご気分でしたかと尋ねると、辛さを振り払うように「彼女はもう年を取っていたし、いつそういう事態が起きてもおかしくはなかったんだ」と言った。そして彼は、なぜ彼女にセリアと名付けたか知りたくはないかと聞いてきた。

「こういうことだ。彼女を捕まえた翌日、私は当局へ経緯を報告しに行かなきゃいけなかったんだ。その時、何人かの記者にインタビューされた。私と当時のガールフレンド（今の妻だが）は、もう何日も会っていなかった。ずっと山に登っていたからね。だがその日は、彼女も一緒だったんだ。だから記者に『そのブカルドはなんという名前なんですか』と尋ねられた時、彼女に目をやり、その名前を言ったのさ。翌日の新聞には、こう出てたよ。『セリア計画、成功！』少し経って、彼女のところに母親が電話してきてこう言ったそうだよ。『変ね。あのアイベックスはあなたと同じ名前だわ』。義母は、私に会ったことがなかったんだ。当時は、私の存在すら知らなかったんだよ」

二〇〇一年一月五日以来、ブカルドとして生きているものは冷凍した細胞だけになった。そこでアルベルトは、それを生きたヤギに作り替える試みに取りかかった。最初のステップは、凍結細胞から細胞核を取り出して普通のヤギの卵に移し、初期胚まで成長させることだった。そうして一〇〇〇個以上の胚が作られ、そのうち一五〇個が代理母となる四四頭のヤギに入れられた。

動物のクローン実験でいつも大きな問題になるのは、膨大な実験数のわりに、クローニングされた卵の中で胎児まで成長できるのは、ほんのわずかだということだ。ドリーの場合、二七七個の胚の中での唯一の成功例だった。技術が最上の状態で機能したとしても、元気な胎児になるのは卵の中のほんの数個なのだ。小さな胚を未来の代理母に入れる時にも、また問題が起こる。アルベルトは代理母となるヤギを、普通のヤギと、ブカルドの近い親戚との交雑種として新たに作り出した。そうしないと、胚が子宮の中で正常に育たないのである。交雑種を用いても、多くの実験は失敗に終わった。年を取った動物（セリアは、おそらく一〇歳以上だった）から取った細胞のクローニングは、さらに難しい。

ジョージ・チャーチがマンモスを作ろうとする時の最大の難関も、これである。問題は、代理母となるゾウにあるのだ。ゾウの妊娠はかなり複雑なプロセスであり、ちょっとしたミスで早いうちから簡単に失敗してしまう。ゾウのメスは四年もしくは五年ごとにしか妊娠せず、妊娠期間は六〇〇日以上だ。元気なマンモスの赤ちゃんが生まれるために必要な何百という実験をこなすには、手に入るアジアゾウの数が足りないのだ。ゾウの側にも大きなリスクがある。妊娠に失敗すれば、ゾウにとって傷にも苦しみにもなる。

そこでジョージは、人工子宮の開発によってこの問題を完全に回避しようと決めている。

「僕たちに必要な最大の技術革新は、胎児の発生の全過程を研究室でやれるようにすることだと思っている。それが実現すれば、危機にある動物たちは大きなストレスから解放されるはずだ。ゾウたちを煩わせることなく新しい子供を得られるような、別の道を作るべきなんだ」と彼は言う。

彼はそれは可能だと信じている。羊水に似た液体を満たしたタンクに胎児を入れ、人工のへその緒を通して血液や栄養を送るという計画だ。

「これまで、哺乳類で試みられたことはない。現段階では、体外で胚を特定の発生段階まで発生させることはできるが、成体にはなれない。マウスですら、まだできてないんだ。だからまずマウスでそれをやってみて、そのあとゾウでやってみればいいんじゃないかな。そういった技術の開発にどれくらい時間がかかるか、予測は難しいけれどね」と彼は言う。

私はその技術の実現性には懐疑的だし、彼はあまりにも楽観的に過ぎるように思えた。胎児の発生過程は複雑だし、まだわからないことが多い。胎児には、正しい段階で大量のホルモンやその他の物質が供給されているはずだが、その時期についての解明はまだできていない。

「そうとも限らないよ。僕らが組み立てようとしているのが時計だったら、とてつもなく精巧で地道な作業が必要だ。でも生物学の場合、物事を正しい方向へ導いたら、あとはもうなるがままに任せるようなところがあるんだ。たとえば試験管の中に卵と精子を一緒に入れておきさえすれば、それは胚になる。人が介入したり、細かく行動を指定してやる必要はない。ただ、正しい条件をざっくりと与えてやればいいんだ。だけど、そうだね。まだよくわからないファクターはたくさんあるし、それはゾウだけじゃなくすべての哺乳類に対して言えることだ。いいことじゃないか。僕らはまだ生物学を学んでいる途中だってことなんだから」と彼は言う。

ジョージ・チャーチは生まれながらの楽天家だ。だが私は、どうも納得できない。私には、彼が生き物の複雑さを根っから過小評価しているようにしか思えないのだ。それでも、彼があと数年でどこに辿り着くかはとても楽しみだ。

今のところ、人工子宮の実現は遠い。セリアのクローンを移植された四四頭のメスヤギのうち、妊娠までこぎ着けたのはたった一頭だ。そこで手術室での帝王切開となったわけだが、一〇年以上前のあの日、アルベルトが母親のお腹から小さな子ヤギを取り上げた時、スペインの研究室は重苦しい沈黙に包まれた。

「子ヤギを取り上げた途端、何かがおかしいと気付いた。息をしていなかったんだ。彼女を救うためにできることはすべてやったが、結局死んだ。およそ一〇分間の出来事だった。正確にはわからないがね。強烈な出来事だったし、必死過ぎて時計を見る余裕などなかったから」そう語るアルベルトの口調は、再び重くなっていた。

子ヤギが死んだあと、彼らはその身体を解剖し、肺の発生に誤りがあったことを知った。肺が二つではなく三つあったのだ。三つ目の肺が場所を塞いでしまい、二つの肺に空気が入らなくなっていた。三つめの肺は、肝臓のように硬くて小さかった。

「なんでそうなったのかはわからない。クローンづくりの過程でミスがあったのか、それとも天然の奇形だったのか。ヤギの胎児の障害としては珍しいものではないが、きっとクローンと無関係ではなかったろうね。わからないことだらけだよ」とアルベルトは言った。

彼は、どうやって悲しみや失望を忘れたかを教えてくれた。

「これらのステップの一つ一つが、大変な作業だ。あれがどれだけの作業量だったか、僕らがどれだけの問題を抱えていたか、君には想像もつかないだろう。最初の子ヤギが死んだあの時、これは困難な作業の一部分でしかない、次はさらに難しい作業をしなければとしか思わなかったんだ」

最初にアルベルトと話した時、思った以上の長電話になってしまった。そしてちょうどこの話題になった時、彼のオフィスで何かがジリジリかピーピー鳴り始めるのが聞こえた。

「おっと！　すまんが、数分後にかけ直してくれるかね？　ちょっとやらなきゃならないことがあるんだ」と彼は言った。

電話をかけ直すと、彼は「オフィス内のパソコンやら何やらの電源を、落とさなきゃいけなかったんだ。電気が止められてしまったものでね」と話してくれた。スペインの当局が、電気とお金の節約のために、毎週金曜日の午後四時以降すべての公的施設の電気を止めてしまい、月曜日の朝まで戻してもらえないのだという。ブカルドプロジェクトも同じ経済的危機に襲われており、二〇〇三年以降は費用が尽き、当局はプロジェクトの経済的支援を止めてしまった。「わかってはいるんだよ。国中で他にたくさんの需要がある時に、こんなことにお金を使うのが人道的に正しいとは言えないからね」とアルベルトは言う。

資金不足は、取材した他の研究者との間でも繰り返し話題になった。絶滅動物の復活という画期的で驚くべき事業は、さぞやたくさんのお金を引き寄せるだろうと思える。この話を初めて聞いた時、私は大きくて設備が整った研究室と、熱心な大勢の研究者を想像した。現実には、研究者はいるけれどお金はなかった。

ジョージ・チャーチは通常研究の副業としてマンモスを作っており、そのための資金は大してもらっていない。ベン・ノヴァクはスチュアート・ブランドの機関であるリバイブ&リストアから給料をもらっているが、そこで雇われている研究者は彼一人だ。彼が働いている研究室は古生物のDNA解析が主な仕事であり、リョコウバトはやはり副業だ。このあと私が会う研究者についても同じだ。動物を蘇らせる試みはどれも、資金的に豊かとは言えない。

お金の話は、絶滅動物の復活という試みを批判する人たちが触れる、最も一般的な争点でもある。現存種を守るための資金すら潤沢ではないのに、既に失われた種を蘇らせるために金を使うのは非人道的だと言うのである。

スペインの経済危機の中で、セリアの細胞はいまだに氷漬けにされており、アルベルトは別の仕事に移っている。数年前わずかな資金を得て、細胞がまだ生きていて、胚になれることはチェックした。研究はそれ以上は進まず、新しい妊娠はない。

二〇一四年から一五年にかけての冬、さらに事態をややこしくする出来事があった。別のアイベックスの亜種が、ピレネー山脈のフランス側にあった囲いから逃げ出し、野生に適応したらしいのだ。この厳しくて寒い山中にアイベックスの別の亜種を放つという試みは失敗したのに、逃げたヤギたちはそのとてつもなく厳しい冬に適応したらしかった。

「その期間ずっと、私は山中でアイベックスが再び暮らし始めるという目標に向かって努力していた。ブカルドでなければそれは不可能だと、そう思い込んでいたんだ。だがそのヤギが寒さに適応したのなら、話はまったく変わってくる」とアルベルトは言う。

彼は、もしそのヤギたちが生き残ったら、ブカルドの遺伝子が役に立つかもしれないと考えている。セリアのクローンが、生き残ったヤギのオスとの間に子供を産むかもしれない。セリアの細胞とオスの精子で、人工授精が可能になるかもしれない。それによってヤギたちは、冬により強いという性質を得るかもしれない。アルベルトは、そう主張する。

ブカルドを救おうと二五年以上研究を続けた揚げ句、その新しいアイベックスたちのせいで誰かに足元を掬われたような気持ちになっていると、彼は言う。まだ、その変化を消化し切れていないのだ。

「もう何を信じていいか何を考えればいいか、わからなくなったよ」

今セリアは剥製になって、彼女が暮らしそして死んだ国立公園のビジターセンターに飾られている。だがアルベルトは、一度もそこへ行っていない。

「いいや、死んでいる彼女に会いに行く気にはなれないんだよ。君ならわかってくれるだろう？」

第6章 冷凍庫からやって来たサイ

なぜか、ノラは私の母方の祖母を思い出させる。祖母はゆるゆるで明るい色のカフタンを着るのが好きな自信家で、どこにいても居心地よさそうに見えた。ノラは丸っこくて少し不細工であり、その動きは敏速とは言えないが、高尚で高貴だ。生涯大した心配事もなく、いつも気分のいい日が続いていた。りんごを食べるのと背中を満足いくまで掻くのとが好きで、近くに年を取ったパートナーがいるのだが、彼に対してはそっけない。囲いの中で主導権を握っているのが誰であるかは、明らかだ。

人は終末や限界に興味を示し、失われていくものの最後の生き残りに魅了される。何か美味しいものが来ていないかとのんびり餌場にやってくる、そのどっしりしたサイを見ていると少し落ち着かなくなるのは、ひょっとするとそのせいなのかもしれない。カリフォルニア州南部のサンディエゴ動物園にノラを訪ねた時、キタシロサイは世界中にたった五頭しか残っていなかった。数ヶ月後、それは四頭になった。残りの三頭はケニアにいる。もう一頭の年取ったメスであるナジン、ナジンの父親であり、唯一のオスであるスーダン、そしてナジンの娘のファトゥだ。

「飼育係は『ノラはもう走れない』って言うんだけど、彼女がパートナーに怒って追い払おうとする時、機関車みたいに彼に向かって突進するのを見たわ」と、動物園を案内してくれた広報係のダラ・デイビスは言った。ノラのパートナーは、別の種であるミナミシロサイだ。彼女のお相手としてここにいるのだが、二頭の間に子供が生まれるのではないかという望みは、とうに潰(つい)えていた。

ノラはりんごをむしゃむしゃ食べ続けているけれど、絶滅種に属している。彼女もナジンも、子供を産むには年を取り過ぎていた。ファトゥはまだ一六歳だが、生殖器官に問題があり、体外受精や人工授精の助けを借りてもどうにもならない。自然な方法でキタシロサイが生まれることは、もはや決してないのである。

二〇一五年一一月、この章を書いている時に、ノラが細菌感染症と高齢のために死んだという知らせが届いた。四一歳、人間で言えば八〇代後半だ。この本を印刷所に入れようとしている今、最後の三頭のキタシロサイがケニアで暮らしている。あなたがこれを読む頃にそのうちの何頭が生き残っているのか、私にはわからない。

キタシロサイをゆっくりと、だが冷酷に死へと追いやったのは、主に密猟だ。不法に密売されるキタシロサイのツノは、グラム単位でコカインや金と同じくらい高価だったのだ。役に立たない代替医療に使われたツノもあれば、飾り付きナイフの柄や装飾品にされたものもある。

「基本的には、私たちが未来の世代に対して責任を負うつもりがあるかどうかという話だ。ほとんどの人は、子供や孫世代に対しては責任があると考えていても、一万年後という未来の世代に対しては責任がないと思っているんじゃないかな。でも、今の私たちがやろうとすることは、そういった長いタイムスパンで結果をもたらすことになるんだよ」

ノラから数百メートル離れた場所にある仕事部屋で、オリバー・ライダーはそう言った。彼は、この動物園の遺伝学部門の責任者である研究者だ。

オリバーは、多くの種が今、恐ろしいスピードで絶滅していることや、地球上の生物多様性がどんどん小さくなっていることだけを言っているのではない。私たちの決定がいかによりよい世界を作り、種の救済に繋がるかをも語っているのだ。オリバーがここの博士課程の学生だった頃に、この動物園に初めてサイがやって来た。以来、彼はずっとサイが大好きなのだ。そこで彼は、ミナミシロサイがその数を増やして絶滅から回復していく一方で、別の種でありノラが属しているキタシロサイが消えてゆくのを見てきた。彼らが別種なのか、それとも同じ種の亜種なのかという科学上の議論は続いているが、いずれにしろはっきりしているのは、かつて東アフリカと中央アフリカに生息していたシロサイは、いなくなってしまったということだ。

「私たちは、種の絶滅をどう定義するかについて話し合うべきだよ。『最後の個体が死んだ時』という今の定義づけは、実はあまり賢明とは言えない。実際には、種はそれよりもずっと前に絶滅しているんだ。絶滅は、種が繁殖能力を失った時、もしくは長くは生き残れないくらいその遺伝的バリエーションが減ってしまった時に起こる。その境界線がどこにあるのか、ほとんどの場合はっきりとはわからないのだけれどね」とオリバーは言う。

キタシロサイが事実上既に絶滅しているとしても、希望がまったくなくなってしまったわけではない。サンディエゴ郊外にあるこの動物園内には、もう一つ別の動物園があるのだ。プラスチックのパイプに詰められ、液体窒素に沈められた動物園だ。大きな六つのタンクに、一〇〇〇種類以上の動物から取った細胞、卵、精子、そして数は少ないが胚でいっぱいの試験管が、何万個も入っている。オリバーがそのタンクのうちの一つを開けると、液体窒素からの冷たい煙が流れ出した。彼は凍傷にならないようにと分厚い紫色の手袋をした手で、一二頭のキタシロサイから取った細胞が詰まったそのタンクを、ゆっくりと持ち上げた。

互いに血縁関係がない一二の個体がいれば、種が再び立ち上がるには十分である。一二本の試験管のおかげで新しく生まれたサイの赤ちゃんたちが、小さな装甲車みたいに走り回るようになるのだ。

動物園の地下室で冷凍されている細胞と、世界中の博物館にある剥製にされた、もしくはホルマリン漬けにされた身体との間にある大きな違いは、凍結細胞はまだ生きているという点である。

「いのちが宿っているのは、細胞の中なんだ。ある動物を蘇らせようという試みはすべて、生きた細胞を必要としている。みんな遺伝子に拘りすぎだ。ＤＮＡだけじゃ、いのちを作ることはできない」オリバーは試験管をしまい、手袋を外しながらそう言った。

この細胞のうちのいくつかを培養液を入れたシャーレの中で解凍すれば、細胞は育ち、分裂を始める。つまり細胞は再生可能な資源であり、無限に持続可能なものなのだとオリバーは言う。凍結細胞がどれだけの間生命力を持ち続けるのかは、神のみぞ知るだ。だが一九七六年、細胞の収集が始まった時に凍らせた細胞たちは、今も元気だ。

冷凍個体一つにつき、八本の試験管がある。その試験管一本一本の中には、約一〇〇〇万個の細胞が入っている。細胞は、ほとんどの場合生体から取られるが、死んだばかりの動物から取ることもできる。採取された細胞の半分はここに、もう半分はサンディエゴ中央部に貯蔵されている。停電や、乾燥したカリフォルニアを時々襲う火災などの災害から守るためだ。

「私たちが凍結させて持っている細胞の九九・九パーセントは、今はもう死んでいる個体から取られたものだ。取った時には、生きていたとしてもね。とてつもなく貴重なサンプルだよ。決して替えがきかない」とオリバーは言う。

試験管の中には、既に消えた種の細胞もある。オリバーは、目の周りに黒いマスクをしているように見える、小さくて灰色のプーウーリ（カオグロハワイミツスイ）というハワイの鳥についても話してくれた。それが絶滅の危機にあることに気付いた研究者たちが、森に入って最後の数羽を探すべきかどうかを話し合った。おそらく、捕獲した上でヒナを産ませ、将来的には自然に放してやるつもりだったのだろう。だが議論が長引き、話し合っているうちに鳥はいなくなってしまった。二〇〇二年にはもう三羽しか残っておらず、二〇〇四年に最後のオスが捕獲されたが、つがいになるべきメスを見つけることはできなかった。数ヶ月後にそのオスも死に、遺体はオリバーに届けられた。

「クリスマス頃だったな。顕微鏡を覗いて細胞を見ているうちに、もうこの種はこの世にいないんだという、鋭くて重苦しい感情に不意に襲われて、打ちのめされたよ。あの作業に携わった者全員が、そういう感覚を持ったと思うよ」と彼は言う。

オリバーは、一九八六年以来この冷凍動物園の責任者をやってきた。ここは動物の凍結細胞バンクとして今のところ世界最大だが、世界中に似たようなプロジェクトはいくつかある。最大の冷凍バンクは、動物細胞ではなく植物の種子を貯蔵している。スヴァールバル諸島の炭鉱跡に四〇〇〇以上もの多様な植物から取った種子があり、その施設には四五〇万の種子を貯蔵するだけのキャパシティがある。それに比べれば、ここの地下室にある六つのタンクは少し頼りなく見えるし、まだまだやらなければならない作業が残っているのは明らかである。

ここにある一〇〇〇種はほとんどが哺乳類であり、鳥や爬虫類、カエルの細胞は少ししかない。素晴らしいコレクションではあるが、現存の脊椎動物のうちほんのわずかでしかないのだ。他の動物はさておき哺乳類については、サイから最小のコウモリに至るまで五〇〇〇種類以上いると計算されている。絶滅危惧種や絶滅種が増えるたびに、細胞図書館の本棚の隙間を埋めるチャンスは減っていく。緊急性の高い例は、アフリカのマルミミゾウだ。ある見積もりによれば、密猟のせいで一〇年後には絶滅の危機にあると言われている。

「ニュースを見ていて殺された動物たちの映像が出てくるたびに、私の心は張り裂けそうになるんだ。もし撮影の場に基本的な知識を持っている人がいて、サンプルを送ってくれていたらと思うと、特に辛い。その種は、凍結細胞すら残せずに絶滅していくかもしれないんだから」

とオリバーは言う。

凍結細胞の仕事を始めたせいで、彼はたえず死の存在と終焉とを意識しながら暮らすようになった。

「私たちの目的は、壮大な霊廟を作ることじゃない。むしろ、これらの種を保存したいんだ。ここを作った時、細胞にどれほどのポテンシャルがあるかに気づいてた人なんて、一人もいなかったと思うよ。でもそのあとで、皮膚細胞から生きた動物を作る可能性を示す研究がされたからね」と彼は言う。

その研究は、今世紀最大級の科学的進歩の一つである。二〇〇六年、日本の山中伸弥が、マウスの皮膚細胞から幹細胞を作ることに成功したと発表した。身体の中の他の多くの細胞同様、皮膚細胞は一つのことだけをやるよう特化されている。一方幹細胞は、まだ何か特別な細胞タイプになっていない細胞だ。研究者たちは長いこと、このプロセスは不可逆だと思っていたのだが、山中伸弥は発生を逆行させて、細胞を元に戻せることを示したのだ。

この方法で作られた幹細胞のおかげで、医学研究にとてつもない希望が生まれた。理論上、たとえば患者自身の細胞から臓器を作ったり、患者の幹細胞で身体の傷を治したりできるのである。オリバーの冷凍庫にある皮膚細胞から、新しい動物を作ることも可能になるだろう。

ジーン・ローリングは、くすんだ深みのある素敵な声をしている。私が彼女に会った時は、風邪を引いていたせいで普段よりさらにハスキーだった。彼女は神経生物学の教授で、同じくサンディエゴにあるスクリプス研究所の生殖医学センター長であり、主に医学研究に携わっている。主要な研究分野は、パーキンソン病の治療に幹細胞を使おうという研究だ。オリバーと一緒にキタシロサイを救うことは、彼女にとってはサイドプロジェクトだ。

「もし一〇〇万ドル持っていて、絶滅危惧動物が暮らせる場所を守ることと、その動物の遺伝的研究をすることと、どっちにそのお金を使うか選べって言われたら、もちろん環境を守り、密猟を減らすことの方に使うって言うわ。でもキタシロサイは消えゆく種だから、彼らを救うために何ができるか、決める必要がある。そう考えると、これ以外の選択肢はないのよ」とジーンは言う。

ジーンとオリバーは長年の友人で、彼が冷凍している絶滅危惧種を救うために彼女の医学研究の成果がどのように役立つか、ずっと話し合ってきた。でも、具体的には何もできていなかった。二〇〇七年にジーンの研究室が新しい部屋に移ったので、引っ越しのお祝いに彼女は全職員を連れてサンディエゴの動物園に遠足に来た。その時、幹細胞と絶滅危惧種についてのちょっとしたミニ会議を開いたのだ。

「とても楽しかったわ。しかも、帰ってきたら若い研究員の一人が『冷凍動物園の皮膚細胞から幹細胞を作ってみたい』って言い出したのよ。成功する保証なんて、まったくなかったわ。むしろ逆。当時それに成功していたのは、マウスと人間だけだったもの」とジーンは言う。この技術が使われ始めて、当時はまだ一年しか経っていなかった。

オリバーはキタシロサイと、西アフリカの小さな地域にしかいなくなった絶滅危惧種のドリル（サルの一種）で試してみようと提案した。「かなり大変だったわ」とジーンは言うが、最終的に彼らは成功し、絶滅危惧種であるキタシロサイとドリルの通常細胞から幹細胞を作った、世界初の研究グループとなった。基本的にはヒト細胞の場合と同じ方法を使ったが、サイやサルのゲノムにプロセスを適応させる必要はあった。

ジーンは、いつかはキタシロサイ一二頭分すべての凍結細胞を研究室に持って行き、その全部で同じことをやりたいと願っている。考えられる次のステップは、できた幹細胞を胎児にまで発生させ、かつて生存していたキタシロサイのクローンを作ることだ。基本的に、アルベルトがブカルドでやろうとしていることと同じである。

だがジーンは、さらに一歩進んだ計画を考えていた。彼女は新しい方法で、細胞を精子や未受精卵に作り替えようとしていたのだ。もし成功すれば、研究上の大躍進になるはずだ。「先例がないからというだけの理由で、うまくいくはずがないだなんて思う根拠はどこにもないわ」と彼女は言う。幹細胞は信じられないくらい魅力的で高い潜在能力を持っているので、新しいことなんか何もできないと思う方が難しい。

幹細胞から卵（らん）もしくは精子を作る方法を生み出そうとしている研究者は、何人もいる。もし成功すれば、子供が欲しいのに持てない人たちが、遺伝的に繋がりのある子供を持てるようになるだろう。研究者たちは根気強く実験を続け、マウスの幹細胞を生殖細胞への初期段階にまで至らせることに成功した。それをマウスの睾丸もしくは卵巣に入れれば、精子もしくは卵になる。ヒトでも、幹細胞から生殖細胞の初期段階にまでは到達している。

新しいサイを作るには、研究室の中で細胞が完全な卵もしくは精子になる必要がある。ある中国の研究チームが二〇一六年の春、マウスの精子でまさにこれに成功したと主張した。私がこれを書いている時点では、まだその成果は疑問視されている。他に誰も再現できていないからだ。だが、このような飛躍的進歩がもうすぐ起こるだろうと示唆する事柄はたくさん起きている。もし自分もしくは誰かがこの方法を開発できたら、ジーンはそれをサイの凍結細胞に使いたいと思っている。

次の計画は、卵と精子をありとあらゆるバリエーションで組み合わせるというものだ。新しく生まれてくるサイの第一世代が、できるだけ広い遺伝的バリエーションを持つようにである。この方法の利点は、取った細胞がオスからのものでもメスからのものでも、卵と精子の両方になれることだ。同性カップルが遺伝的に繋がりのある子供を持てるようになるにはどうしたらよいかという議論の際、まず話題になったのもこの方法だ。こうして作ったサイの胚は、通常の体外受精と同じように代理母の中に入れることになる。代理母は、キタシロサイの近い親戚だが絶滅危惧種ではないミナミシロサイのメスになるだろう。

「この技術の素晴らしいところは、死んだ動物から取った凍結細胞でも使えるってことよね。生きている動物は必要ないのよ」とジーンは言う。

当初は、卵と精子を使って新しい個体を作る予定はなかったと彼女は語る。オリバーと彼女は、関節炎や心臓疾患のような病気によって絶滅しそうな種を、この研究によって守れるのではないかと話し合っていたのだ。

「でもこんな素晴らしい幹細胞を作れてしまったら、一番よいのは卵と精子を作ることだって気持ちになるわよ」と彼女は言う。ジーンもサイの魅力に取り付かれており、彼女の仕事部屋はサイの小さなフィギュアでいっぱいだ。

「この研究を始めた時は、特にサイにはまってたわけじゃなかったわ。でも研究を進めるうちに、彼らが心の中にすっかり入り込んできて、サイに興味津々になっちゃったのよ」と彼女は言う。

最初の新しいキタシロサイが生まれるまでにどれくらい時間がかかるか、ジーンは予測したがらない。オリバーは、大事なのは研究が続くことだと考えている。

「私の個人的なスタンスは、現存種を救うために最善を尽くすというものだ。でもキタシロサイに関しては、やってみるべきだと思っている。私たちには道具があるんだし、諦めて『無理だ』なんて言うのは嫌いだ」と彼は言う。

囲いの中で餌を食べているノラを見ているうちに、彼に賛成する以外考えられなくなってきた。この種を救う力を研究者が持っているのなら、救ってほしいと思う。キタシロサイは、実際には既に絶滅している種だ。だが別の視点から見れば、彼らは決して消えることのない種だ。液体窒素のタンクに何かが起こらない限り、一二頭のサイの個体から取った細胞は、未来への約束としてそこにあり続けるのだから。

私の頭の中で少しずつ形を取り始めている大きな疑問は、それが虚しい約束だったらどうなるんだろうということだ。ベンと彼が作ろうとしているリョコウバトについて、つい考えてしまう。ここで細胞から作られようとしているサイは、ベンが作ろうとしているハトよりそのオリジナルに似ているだろう。いのちが宿るのは細胞であり、細胞がまだ生きているのならば、動物もまだ死んではいないと言ってもいいのかもしれない。

だが、何かは失われたのだ。そうじゃないなどと主張するのは馬鹿げている。新しいサイたちはかつてのサイの代わりにはなれるだろうが、決して同じではない。一方で、五〇年前にアフリカを走り回っていたサイだって、一〇万年前に生きていたサイとは違うのだ。それでいいじゃないか？　冷凍動物園は、時を止めて、まさに今あるがままに自然を保存しようという試みだ。でも今ある自然が、一万年前の自然や一万年後に存在するだろう種より大きな価値があると言えるのだろうか？

今の私にはわからない。でもノラが死ぬことを考えると、胃が縮み上がる。彼女を彼女たらしめているすべてと、彼女の種が消えてしまうことを考えるのは辛い。そんなことが起きてはいけないという感情は、私の頭の中の哲学的な屁理屈よりも強い。

オリバーの仕事部屋で話し合っているうちに、彼が凍結細胞の利用の可能性について、さらに大きなプランを持っていることがわかった。彼がこれこそ最大のポテンシャルだと思っているのは、今絶滅しかかっている種を救うために、細胞に遺伝的な操作をすることだったのだ。

絶滅危惧種にはしばしば、生き残りの数が少なすぎて、近親交配や遺伝的障害のリスクが非常に大きくなってしまうという問題がある。数が増え始めたとしても、その問題は残り続ける。数が少なすぎるという隘路を経た結果、遺伝的なバリエーションがほとんどなくなっているからだ。多様さを取り戻すまでには長い時間がかかり、その間彼らは病気や怪我に襲われやすい状態に晒され続けることになる。

「今では、個体を別の地区に移動させることによって、遺伝的障害からの救助成果を上げるという方法も考えられ始めている。新しい血を入れるためにね。たとえばスカンジナビア半島のオオカミがそうだ。でも、ここの凍結細胞以外に多様性を増やす可能性のない種もある。個体そのものがここにしかないわけだからね」とオリバーは言う。

もうすぐ、凍結細胞から個体を作れる時代が来るだろう。もしくは細胞を卵もしくは精子に作り替え、生きている動物の卵や精子と交配させられるようにもなるだろう。また、遺伝子を別の方法で使うこともできる。オリバーは、カリフォルニアコンドルの例を話してくれた。ハゲタカに似た大きくて黒い鳥で、頭は禿げており鋭いかぎ状のくちばしを持っている。絶滅危惧種だったので、一九八七年に研究者たちは残っていた二二羽の野生コンドルをすべて捕らえ、囲いの中で飼育を始めた。それは成功し、鳥たちは再び野生に放たれ始めた。だが今彼らは、ヒナが殻をつついて卵の中から出てこられないという遺伝病に脅かされている。今できるのは、オリバーが持っているコンドルの冷凍サンプルで病気の研究をし、治療法を見つけることだ。

「今いるカリフォルニアコンドルすべての個体から、サンプルを取ってある。それが絶滅危惧種の保存にも役立てるという新しい可能性の世界が、いきなり開けたんだ」とオリバーは言う。

サンプルの中には、カエルやゴリラから足の黒いフェレットまで、他のたくさんの種を遺伝的に変えるきっかけとなれるような凍結細胞もあると、オリバーは語った。細胞を用いる可能性は常に増え続け、彼が敢えて予想しようとしなかった方向に展開しつつある。

「目的は種を守ることであり、それをよりうまくやるために新しい技術を使うんだ。今や、遺伝的多様性の未来をデザインするのは私たちだ。もう、種のリストを作ってる場合じゃない。私たちは望み通りに生命や自然をデザインし、種を作り出せるんだ。ペットみたいに小さいサイが欲しくないかい？　トラみたいに見える家ネコもいいよね。それができても、まだ野生のトラが必要かい？　世界は、どんなふうであってほしい？」と、彼は大袈裟な口調で尋ねた。

だがこれは、もう決して大袈裟とばかり言っていられない問題だ。新しい、風変わりなペットを作るための遺伝子組換え技術は、ここ数年で急速に進歩している。ある中国の企業は、一五キロ以上にはならない遺伝子組換えミニブタを販売している。ブタにどんな斑模様が欲しいかを前もって顧客たちに決めさせて、すべての赤ん坊ブタを注文通りに組み換えようと計画しているのだ。その企業は、色や形や模様を顧客の希望通りに遺伝子組換えしたニシキゴイも作り出そうとしている。この美しいコイはアジアでは一〇〇〇万ドル産業であり、彼らは計画通りニシキゴイの変種を売り出せば、多額の金を稼げると見込んでいる。オーストラリアにはイヌを遺伝子操作しようと考えている研究者がいるし、競走馬での可能性も考えられている。オリバーの未来予想図の実現は時間の問題だと、思わざるを得ない。

絶滅種の復活のために先進的な遺伝子技術を使うという考えが、議論の争点となるものだということを、オリバー自身自覚している。あなたはマンモスやリョコウバトを蘇らせるのはいい考えだと思いますかと尋ねると、彼は答えを渋った。

「なぜそれをやろうとするのかという質問に、答えられなければいけないね。それは科学的な問題じゃなく、倫理的な問題なんだ。絶滅した動物を復活させたいのかい？　どのレベルでの絶滅だ？　それは絶滅したばかりの動物かい？　それとも数十年前、いや、何千年も前に絶滅した動物かい？　それは、倫理的な問題なんだよ。私たちは今あげたような問いについて明確に述べることができなくてはいけないし、社会的な共通意識としての答えを出さなければならない」と彼は言う。

人間は既にさまざまな方法で自然を操作していると、オリバーは言う。新しい技術がどこへ向かおうとしているかについて話し続けている間、彼はとても疲れて悲しそうに見えた。それは、私たちが種を滅ぼしているというだけでなく、自然をどう作り替えてしまっているかという話なのだ。例として彼は、アメリカの海岸沿いにいるタラについて話してくれた。それは絶滅してはいないし、絶滅危惧種ですらない。だが漁業のせいでタラの数はどんどん減ってサイズも小さくなっており、既に自然の中で以前と同じような役割を果たすことはできない状況だ。同じことが、海や陸にいる多くの他の種についても言える。もうこの地球上のどこにも、私たち人間が作り替えたり影響を与えたりしていない場所はないのだ。

私は、これに反論してみた。もしかして、人間の影響を受けていない荒野や自然は、残っているんじゃないかしら？　この惑星に対する私たちの影響力は、限定的なのでは？　だが、オリバーはひるまなかった。

「人間の影響を受けていない、エデンの楽園みたいな場所があるはずだなんていう理想論は、もうあり得ないよ。自然はもう、そういうふうにはなっていないんだ。結局、自然をデザインしているのは私たちなんだよ。その影響力は強大で、これからさらに支配的で侵略的になっていくだろう。それは、今は想像もつかないし理解もできないような方法で起こるだろうよ」と彼は言う。

私には、それはホラー小説のように聞こえた。ジョージ・オーウェルの『１９８４年』や、スーザン・コリンズの『ハンガー・ゲーム』レベルのディストピアだ。そんな世界では暮らしたくない。

だがオリバーは、そんな未来にも可能性を見出している。私たち人間は、自分の役割について、自然の管理人としてどのように責任を負うべきかを考え始めるべきだと言うのだ。そうすれば、むしろ人間は世界をよくするために、その強大な影響力を使えるようになると。

「今の人間は、生物多様性を破壊し、種を滅ぼす勢力だ。でも私たちは、生物の歴史の中で意図的に生物多様性を増やす、初めての種になることもできるんだ」と彼は言い、より大規模な冷凍動物園がいかにそれに貢献できるかを説明してくれた。

「凍結細胞をよりよい方法で貯蔵し管理すれば、それができるんだ。もっと長い目で見てみればいい。進化によって、種は消えたり現れたりする。しばしばそれは、かなりのスピードで起こる。今私たちは地球の六番目の大量絶滅期にあって、私たちのせいで大量の種が消えている。でも体系的に細胞を集めたり保存したりし始めれば、世界中でたくさんの種を増やすことができる。本来なら消えるはずだった種を、守れるんだ。今の人間は、自分たちの周りに破壊をまき散らしているだけだ。だけど将来的には、こういった細胞バンクの助けを借りて、意図的にたくさんの種を増やすことだってできるようになる」と彼は言う。

　サンフランシスコでスチュアート・ブランドが語ったのと同じ構想だ。生物多様性に満ちた世界と、その親切な管理人として働く、賢くて責任感の強い私たち人間。その夢想は、平和を愛し探究心に満ちたスタートレックの世界を思わせる。もちろんそのような世界は魅力的だが、その構想の中の何かが私を落ち着かなくさせる。あまりにも単純すぎるように見えるのだ。

第7章

「実際、ことはそう単純ではない」

「絶滅危惧種を救う研究をしている多くの生物学者が、それを先端技術が引き起こすナンセンスと見ている。現存種すら救えていないのに絶滅種を復活させる話をするなんて、時間の無駄だとね。僕自身は、そんな議論は幼稚だと思ってるけど」

フィル・セドンは軽いニュージーランドなまりで話すが、会話にはお堅いイギリス風のユーモアが感じられた。専攻はエコロジカルイントロダクション。種を新しい場所に移動させることで救おうとしたり、野生に帰すために動物園から放してやったりするという分野だ。研究以外でも、IUCN（国際自然保護連合）の職員として、研究者たちが将来復活させた種を自然に放つ時のためのガイドラインを作っている。

「僕は、いつかはそれができるようになるだろうと思ってる。種の保全に携わっている僕らは、議論に積極的に参加していかなきゃいけない。今は、この技術をどう扱えばいいか真面目に話し合える場所に向けて、小さいながら窓が開いている。この可能性の利点を最大にし、リスクを最小にするにはどうすればいいかを話すべきは、今なんだ」と彼は言う。

私が取材した絶滅動物を復活させようとしている研究者たちはみんな、自分が作ろうとしている動物たちを再び野生に放てるようになることを望んでいる。ジョージ・チャーチは、自分にはそれができると示すためだけにマンモスを作ろうとしているわけではない。一〇万頭のマンモスが、シベリアのツンドラ地帯を自由に歩き回ることを望んでいるのだ。ベン・ノヴァクも、自分のリョコウバトを森に放ちたがっており、それが環境のためになると確信している。ハトたちが、他種の繁栄の助けになるというのだ。

こういった活動の目的を整理し、まとまったビジョンを作ろうとしているスチュアート・ブランドは、これは私たち人間が世界に与えてきてしまったダメージを修復する、一つのチャンスだと言う。現存種を守り、救うだけでなく、消えてしまったものたちを元に戻すという、道徳的な責任があるというのだ。

だが、実際に絶滅危惧動物を救う仕事をしている生物学者の反応には、彼が期待しているほどの熱狂は感じられない。

「よくわからないけど、遺伝学者たち……この技術を作ろうとしている連中は、種の保存の研究をしている生物学者たちみんなが絶滅種の復活という考え方に狂喜乱舞しなかったので、がっかりしているんじゃないかな。確かに、僕らにとっては夢が叶ったことになると思われるかもしれないけれど、ことはそう単純じゃないんだ」とフィルは言う。

動物が自然の中に放たれ、自分の力で生きていくことを期待されるとなると、多くの問題が起こるかもしれないからだ。第一の、そして最も明白な問題は、動物たちはやっていけないだろうということだ。研究者が動物を新しい場所に根付かせられずに失敗した例は、たくさんある。時としてそれは、放たれた動物が生き残るために必要な知恵を欠いているせいだ。たとえば狩りをしたり、捕食動物から身を守ったりができないのだ。いつかジョージ・チャーチの研究室で毛むくじゃらのマンモスの赤ちゃんが生まれたとしても、そこにマンモスのお母さんはいない。分厚い積雪の中から凍った草を探し出す方法や、吹雪になった時どっちの方向へ行けばいいのか、長い鼻にたかった鬱陶しいアリをどうすれば払いのけられるかなどを、誰も教えてくれないのだ。そういった、マンモスたちが知っていなければならない、両親から教わらなければならない何百という事柄を、彼らは自分で学ばなければならない。

　だからこそベン・ノヴァクは、伝書バトを使って新しいリョコウバトに飛ぶように誘わせるという、入念な計画を立てたのだ。忘れがちなことだが、動物の行動のかなり多くは、本能よりむしろ後天的に学ぶものなのである。研究室で生まれた動物も、野生の仲間と同じように生き残るための方法を学ばなければならない。同じことは、動物園で育てられた動物にも言える。たとえ両親がいたとしても、檻の中の生活は野生のそれとはまったく違う。檻の中で上手に生きている動物が、自然の中でもうまくやっていけるとは限らないのだ。実際囚われの身である動物は必ず、野生の仲間より従順である。囚われたことによって変化が起こるからだ。言うなればオオカミがほんのちょっとイヌになりかかるみたいなものであり、自然に放たれても再びオオカミに戻るのはかなり難しい種もあるのだ。

そういった問題はあるが、生物学者が動物を再び野生の中で生き延び、繁栄させた例もたくさんある。どうすればうまくいくかという知識は、絶えず増え続けているのだ。たとえば今は、親鳥を模したパペットを使い、人間にあまり慣れさせないようにしながらヒナを育てることができる。たとえばここスウェーデンでも、ハヤブサを繁殖させ、野に放つことで救った例がある。

すべての希望がなくなったと思われていたのに、救うのに成功した種さえある。フィル・セドンは、ニュージーランド近くにある小さな島にいた、チャタムヒタキという小さな黒い鳥について話してくれた。一九八〇年、それは五羽しか残っていなかった。そこで、種を救うために残っている鳥を捕らえることにした研究者は、卵を生むメスが一羽しかいないことに気付いた。彼らは他の鳥に卵を抱かせるよう仕向け、その一羽がなるべくたくさんの卵を生めるようにした。次々孵化したヒナたちが育ち、卵を生むようになった。小さなヒタキたちは野生に放たれ、今では島に二五〇羽近くの鳥がいる。それだけの数がいれば、緊急絶滅危惧種と見なされることはもうないだろう。彼らはたった一羽のメスの子孫だが、深刻な遺伝的問題も避けられたようである。

たとえばリョコウバトなどの復活した種が、アメリカ北東部の森で実際にうまく適応したとしよう。密集した群れを作るという行動を取り戻すことにも、成功したとする。だがそれは、問題が解決したという意味にはならない。むしろ逆だ。最大のリスクは、復活した動物そのものが問題になるということなのだ。最も知られている失敗例は、オーストラリアを侵略したさまざまな動物たちだろう。私たちはこのリスクや可能性について、どう考えればよいのだろう？

私はフィルに、絶滅種の復活という考えが悪いと思う時とよいと思う時はそれぞれどんな時か、いくつか例を挙げてくれと頼んだ。

「基本的には、いつだって悪い考えだというスタンスだな。僕は、いくつかの単純な質問をしてみるべきだと思ってる。まず、本当にそれをやる必要があるのか？　第二に、環境的に代替者となれる現存種を探すことはできないのか？　本当にその種が必要であり、他の種で代替できないのかという可能性について検討せずに、復活を考え始めてはいけない。何よりも、そこにあるリスクと不確定さを理解しなければいけない」と彼は言う。

忘れてはならない最も重要なことは、新しく作られた種は、絶滅した種の完璧なコピーではないということだと彼は言う。クローンだって、まったく同じではない。動物の行動は、成長過程で形づくられるからだ。マンモスやリョコウバトのように遺伝子操作された種では、さらにその違いが大きくなるだろう。彼らはその性質のほとんどを、自身の元となる種、つまりゾウやオビオバトから得ることになる。その行動は、新しい遺伝子と古い遺産、そして彼らが育った環境とのコンビネーションによって左右される。これが、動物たちが野生に放たれることによって何が起こるかの予測を、さらに難しくしているのだ。

「こういったプロジェクトで復活させたものが自然界でどんな役割をするかなんて、はっきりわかるわけがないんだ。外来種の研究をしている生物学者の多くは、復活という考え方が嫌いだよ。新しい種がどれだけたくさんの問題を起こしてるか、彼らは見てるからね」と彼は言う。

復活した種が野生に放たれた時、それをより興味深い存在にもより厄介な存在にもする事柄は、もう一つある。絶滅種の新しいバージョンを作ろうとしている研究者の多くは、その動物や植物がただ戻ってくればいいと思っているわけではない。新しい動物が戻された自然界に影響し、変えていくことを何よりも望んでいるのだ。ベンが作ろうとしているリョコウバトが、いい例だ。彼はハトの大きな群れが、雹（ひょう）の嵐みたいにアメリカ中の木々を騒がせることを願っている。

だがフィルは、そんなことをするのは難しいし、何が起こるかわからないと言う。また彼は、私たち人間が失ってしまった自然を美化し、ノスタルジックなバラ色の光に包まれていると思い込むことも、大きな危険を伴うと見ている。

「失われた生態系を何らかの方法で取り戻そうとするプロジェクトの多くが、過去にはすべてが素晴らしく、完璧なバランスで存在していた時代があったということを前提にしている。それを取り戻しさえすれば、すべてがよくなると思い込んでるんだ。でも環境は絶えず変化し、自然は決して同じ状態であり続けたりはしない」と彼は言う。

既に、生物学者たちが絶滅種を他の種で代替した事例は存在している。その地域の生態系にとってその絶滅種がとても重要であり、それがいなくなることによって生態系が崩れてしまうような場合、そして同じ役割を果たせる動物が存在する場合には、それが可能だ。

一例が、インド洋の島々におけるゾウガメである。基本的にすべての島々に、その地域ごとのゾウガメの亜種がいて、それぞれが他の種から隔離された独自の進化を遂げてきた。彼らは一日中草を食べ、「カメの芝生」と呼ばれる短く刈られた特殊な芝生を作って暮らしていた。だが多くの島で、主に人間のせいでゾウガメがいなくなった。カメは食料も水もなくても長く生きられるため、船乗りたちに重宝されたのだ。カメは船倉に生きたまま積み上げられ、船旅の間に食べられた。また船によって島に持ち込まれたネズミが島中に広がって、カメの卵を食べてしまった。

カメがいなくなれば芝生も消え、芝生で暮らしていた他の動物たちも消え始めた。雑草が、在来の植物を駆逐した。それはだんだんと進行し、各島で次々と同じことが起こった。今研究者は、まだ残っているゾウガメの種を、在来種がいなくなってしまった他の島に移している。芝生も戻ってきた。

「カメを他のほとんど同じような種で代替するなんてことは、そんなに大きな問題だとは思えないかもしれない。だが生物学者にとっては、種の移動というのはとても慎重さが必要なことなんだ。これまでに何度も失敗してるからね」とフィルは言う。それに加えて、意欲的な保全生物学者の間には、人間が自然に影響を与えなければ与えないほどよいという感覚もある。

現在進行中のこの危機を解決しないまま、絶滅種の代わりを作るなどということを真面目に考えてはいけないと、フィルは主張する。もしそれをやるなら、リスクについて熟慮するべきだと。

「現存種でやらない方がマシだったなんていうケースを、僕は見たことがないよ」とフィルは言い切る。

絶滅種の復活に伴う最も大きな哲学的課題は、私たちが自分を誤魔化しているのではないかということだ。私たちは、この方法が失った何かを取り戻してくれると思い込んでいる。「人間の細胞を冷凍したり遺伝子を保存したりしないと、人類を維持できないなんて言う人はいないでしょう」と、ワイアード誌のインタビューの中でジャーナリストのモーラ・オコナーは言っている。彼女は絶滅危惧種を救う現在の試みについて本を書いているが、ゲノムの保存や凍結細胞に注目が集まりすぎていることに対しては否定的だ。やるべきことは、絶滅危惧種が暮らせるような自然や生態系を守ることなのに、というわけだ。

以前、ゲノムに注目しすぎることによる問題を取り上げた。私が読んだり話をしたりした批評家たちの多くも、取り上げている問題だ。ゲノムが、生物のすべてではない。人間はＤＮＡだけでできているわけではないというのと同じである。もしあなたのクローンが作られたとしても、別の家族、別の環境、別の時代に育ったあなたのクローンは、まったく別人になるはずだ。ある生態系に戻された種は、まったく新しいパズルのピースになる。その種は、自分がいない間に変化した他の種と共に暮らすことになるのだ。ひょっとしたら、かつてと同じ役割を果たせるかもしれないし、新しい役割を見つけることになるかもしれない。またなんの役割も果たさないかもしれない。だが結局は、ヘラクレイトスの言うあの古いことわざの通りになるのだ。人は同じ川に二度入ることはできない。世界も自然も、絶えず変わり続ける。

特定の種や特定の遺伝子に注目することで、私たちは既に木を見て森を見ないという危険を冒している。一つのピースを近視眼的に見つめることによって、パズルそのものを失敗してしまうのだ。そんなことをしていると、復活した種が住む場所を得る際に生じる人間や政治、経済などといった面倒な問題すべてを棚上げしておいても、白衣を着て複雑な機械を扱う研究者たちが何とかしてくれるというイメージを作り上げてしまう危険性もある。そのイメージの中での研究者は、日々のつまらない現実に煩わされない、まるでマンガのヒーローみたいな存在なのだ。

何度も言うが、ジョージ・チャーチは自らの仕事を、ただマンモスを蘇らせる一つの方法としてだけ見ているのではない。それによって、アジアゾウに新しいチャンスを与えられるかもしれないとも思っているのだ。いくつかの性質を加えることによって、彼らは密猟や森林破壊に脅かされることのない、新しい場所で暮らしていけるようになるかもしれない。だがこの道を選ぶことはある意味、今その場所で生きているゾウを守る可能性を諦めるという意味になると、フィルは言う。もし彼らが今暮らしている場所がなくなってしまえば、他のたくさんの種も失われることになるかもしれないのだ。

だがそれは、プロジェクトを中止したり、遺伝学者たちがマンモスを作ろうとするのをやめさせるべきだという意味ではないと、フィルは続けた。悲しいことに、彼は絶滅危惧種を救おうという現在の試みが大きな問題を抱えていて、しばしば失敗していることをいやというほど知っている。コインの裏面には、現在進行中の危機との闘いの中で、生物学者はあまりに無力だという現実があるのだ。

「世間ではあまり知られていないかもしれないけど、実は僕らはこの戦争に負けつつあるんだよ」とフィルは言う。

それぞれの種と生態系の両方を救うために用いられてきた方法は、ほとんど変わっていない。残っているものを守り、それを元通りに戻してやろうとすることだ。だが、今やそれは機能していない。状況は逼迫(ひっぱく)しており、世界はあまりにも変わり過ぎた。国立公園や保護区を作るという古いやり方では、もう変化に追いつけないのだ。特定の種を絶滅から守ることばかりに注目しても、めったに成功しない。大量の失敗の中で、成功例はほんのわずかだ。

「僕らは、ずっと消火活動をしてる。一歩戻って『僕らがやろうとしてるのは何だ？　何がしたいんだ？』なんて問う暇も、精神的余裕もない」と彼は言う。

彼は、動物を復活させる活動への注目が、今絶滅しかけている種の保存への人々の関心を呼び覚ましてくれるのではないかと期待している。

「僕らはずっと、昔ながらの同じメッセージをみんなの頭に叩き込もうとしてきた。『危機的状況だぞ！　僕らは、種を失いそうだ！』とか、そんなふうにね。みんな、これを聞くのにうんざりし始めてるんだと思うよ。多分人々は、こう感じてる。『なんてことだ！　まだ、その問題は解決してないのか！』ってね。僕らは、みんなに関心を持ってもらえるような方法を、新しく見つけなきゃいけない。いつもネガティブなメッセージばかりじゃ、うまくいかないよね。絶滅動物を再生する試みが、人々に希望を与えてくれるといいなと思うよ」とフィルは言う。

絶滅動物の復活についての議論に何か意味があるとすれば、それは種を救おうと努力している生物学者が、自分の持つ技術や、自分たちが本当は何のために努力しているのかについて、もっと考えざるを得なくなるということだ。そして遺伝学者が、種を救うためにはたくさんの新しい道具があると明確にすることも大事だ。

「それに刺激されて、この仕事に携わる僕らの間で何か面白い考えが生まれるんじゃないかと、僕は思ってる。というか、そうなるべきなんだ」と彼は、少し皮肉っぽく笑った。「テクノフィックス（気候変動のハイテクによる問題解決）みたいに聞こえるからといって、無視していい話じゃないと思うんだ。いろいろな意味で、その議論はとても重要になってくると思うよ」と彼は続けた。

ニューオリンズのとある研究所にある檻の中で、メスネコたちが走り回っている。白衣を着て青い手術用手袋をした研究者がそこから一匹ずつ拾い上げ、手術台に乗せていく。ネコは麻酔をかけられ、卵巣からスポイトで注意深く卵が取り出される。目覚めるまでの間に、卵は特別研究室に移されて細胞核が吸い出され、他の核に置き換えられる。クローンになるのだ。

ACRES（オーデュボン絶滅危惧種研究センター）は、さまざまなネコ科動物のクローンづくりに特化した研究室だ。普通の家ネコを、絶滅の危機にある稀少種の代理母及び卵提供者として用いている。彼らはあるアフリカのヤマネコからクローンを作り、つがいになった二匹のクローンネコが元気な子ネコを授かったと発表した。この技術は、ゲノムを含んだ細胞核をある一つの種、この場合はヤマネコから取り出し、普通のネコから取った卵細胞に入れるところから始まる。卵から幸運にも成長した胚は、代理母となる通常のメスネコに移植され、そこからアフリカヤマネコのクローンが生まれるのだ。

近い親戚同士にある種のギャップを超えてのクローンづくりには、かなりのトリックが必要だ。アルベルト・フェルナンデス＝アリアスがブカルドのセリアのクローンづくりに長いこと苦労したのも、このためだ。世界中で、他にもたくさんの絶滅危惧種のクローンが作られているが、最終的に自然界に放てるだけの個体を育てられるほど、十分な成功を収めているとは言えない。ヤマネコと普通の家ネコはかなり近い親戚同士だからこそうまくいったのであり、研究者はこの方法を他のネコ科動物でも使えるようにしようとしている。同じプロセスをアフリカ南部に暮らすクロアシネコでも試そうとしたが、今のところクローンは作れていない。

遺伝学者のマーサ・ゴメスは、この研究のリーダーだ。彼女は多くのインタビューの中で、目的は絶滅危惧種のネコを救い、保全するための手伝いだと言っている。クローニングでも、人工授精による胎児を代理母である普通のネコに移植する方法でも、どちらでもそれは可能だ。研究室では、複数のネコ科動物でそれに成功している。

今のところ、研究室で生まれたネコはまだ一匹も自然界に戻されてはいない。そのためには、まだたくさんの問題が残っている。研究はいまだに技術開発が優先であり、研究者たちはもう二〇年もの間動物のクローンを作っているが、まだあまりうまくいっていない。ヒツジの原種であるムフロンや、ウシの仲間であるガウルとバンテンなどさまざまな絶滅危惧種のうち、クローンとして生まれた個体はまだわずかだ。それには多額な資金が必要だし、クローン動物たちの多くは早くに死んでしまう。マーサ・ゴメスと仲間たちの研究では、四〇個の卵のうち元気な子供として生まれたのはたった一つだ。なぜそれが難しいのか、そして細胞の何が問題なのか、まだはっきりとはわかっていない。

クローンづくりには多くの問題があり、絶滅危惧種を救うために、この技術が本当に特別大きな役割を担うことができるのか、疑問視する研究者も多い。もちろんこれに携わる研究者は、一つでも多くの問題を解消するために、技術をよりよいものにする方法を見つけようとしている。キタシロサイのように、この新しい技術が唯一の救いとなる動物もいるのだ。

「種を救うという希望を諦めるべきなのがどの時点なのか、僕にはわからない。ひょっとしたら、絶対に諦めちゃいけないのかもしれないね。可能な限り、解決策を探し続けるべきなのかも。だってここには、かつて僕らが失ってしまった種を救う助けになり、実行できる技術があるんだから」。私が「絶滅危惧種のクローンを作る可能性について、あなたはどう思いますか」と尋ねると、フィルはそう答えた。「未熟児を救う技術は改善され続けているということを、ちょっと思い出すよ」

だが、生物学者の間でも議論がある。かなりの数の研究者が、種を救ったり再生するために遺伝子工学を使うのは、時間と金の無駄だと考えているのだ。絶滅種の復活というアイディアは、研究者仲間から相当批判を浴びているし、怒りすら覚える者もいる。批判は何度も何度も繰り返される。「もし種をいとも簡単に復活させられるのなら、なぜ絶滅危惧種のことを気にかける必要があるんだ?」

この議論において、忘れてはならない重要なことが一つある。基本的に、みんな望みは同じだということだ。この問題について話し合っている、ジョージ・チャーチのような遺伝学者から、スチュアート・ブランドのような夢想家、フィル・セドンのような保全生物学者に至るまで、みんな同じ目的に向かって努力しているのだ。絶滅種ができるだけ減りますように。世界中で、種の多様性ができるだけ豊かになりますように。彼らは皆、環境をよくするために必死なのだ。みんな、環境活動家だ。

つまりこの議論は、動物は救われるべきかとか、何を優先すべきかを問題にしているのではない。可能な限りよい方法でそれをやるにはどうすればよいかという議論なのだ。出されたすべての批判を読み、研究者の間で議論が行ったり来たりする様子を見ていると、これは一種のカルチャーショックみたいなものだなと思えてくる。

遺伝学者は多分、あまりよく知らない研究分野に、自分たちの新しい技術を持って不器用にそろそろと足を踏み入れたのだ。浮かれた精神状態のまま、彼らは新しい方法を見せながら言った。「見てくれ!　これで君たちの問題は解決できるぞ!」。呆気に取られた保全生物学者の方は、遺伝学における技術の進歩についていけていなかった。彼らには、何が可能になっているのかわからなかったのだ。彼らは、遺伝学者が複雑な問題に対して、大衆に迎合した性急で非現実的な解決法を持ってきたと解釈した。ひょっとしたら、種を救ったり守ったりすることがどれだけ大変か、遺伝学者にはそれに対する尊敬の念が足りないとも感じたかもしれない。

部外者である私からすると、みんな同じ部屋に集まってお茶でも飲んで、じっくりお互いの話を聞きなさいという気分だ。

キタシロサイの皮膚細胞から幹細胞を作ることに成功したジーン・ローリングに会った時、「あなたのプロジェクトに、種の保存という別の分野で働いている保全生物学者はどんな反応をしましたか」と尋ねてみた。

「彼らは警戒していたわね。わかるわ。彼らの研究分野にはお金が足りないし、自然を守ることを重要視しているんだから。このハイテクな解決法の可能性は、彼らにとっては不愉快なことなんでしょうね。多分、私たちのことをまだ完全には信用してないわよ。この考え方に慣れてもらうには、ずいぶんと時間がかかるわ」と彼女は言った。

フィルも、大体私と同じような分析をしている。彼が問題視しているのは、絶滅種再生のために高度な遺伝子技術を開発している研究者と、野生の種を守ろうとしている研究者の間に、接点がないということだ。お互い、あっちの研究者が何をやっているのか、もしくは彼らが抱えている問題はなんなのかを、ちゃんとチェックしていないのだ。だが、状況は変わりつつある。

「リバイブ&リストアのスチュアート・ブランドとライアン・フェランが、まさにこのための会議を開いた。彼らは二つのグループを引き合わせ、話し合いをさせてくれたんだ。この会議に出席した研究者のほとんどが、かなり感化されたんじゃないかな。おかげで種の保存のために働いている僕たちの間では、相当エキサイティングな議論や新しい考えが生まれそうだよ」と彼は言う。

つまり絶滅危惧種を救うためのまったく新しい道具を作り出すために、遺伝子工学を利用するという考えた[illegible]技術は[illegible]活動のトレンドを確実に一転させ、変化させる決定的なものとなるだろう。現在開発中の新しい技術には、遺伝の隘路にはまったせいで近親交配を繰り返し、遺伝的な問題を抱えてしまった種を救う可能性がある。サンディエゴでオリバー・ライダーと会った時、彼が言っていたのと同じことだ。

「遺伝的多様性の改善という考え方が、本当に本当にエキサイティングで新しい道を開いてくれるはずだよ」とフィルは言う。

それはオリバー・ライダーたちが持っている凍結細胞の話だが、他のサンプルから遺伝的なバリエーションを拾い出してくるという話でもある。ひょっとすると博物館にある剥製の動物たちを分析すれば、今生きている種を理解し、また豊かにするために利用できるようになるかもしれない。新しい個体群になるのに十分なだけの個体数にはならないかもしれないが、新たな遺伝的素材を加え、生態系にちょっとだけ新しい血を入れてやることで、深刻な絶滅のリスクを減らせるかもしれないのだ。

「それがハイテクすぎて馬鹿馬鹿しく見えるからと言って、この進歩を無視する余裕は僕らにはないんだ。今起きていることは、種の保存の可能性に関してとても重要なものになってくると思うよ。いろいろな意味でね」とフィルは言う。

ここ五年から一〇年の間に起きた技術の進歩は、その分野の研究者たちですら仰天するほど早い。今何ができるのかについての知識は、まだ研究室の外や自然の中にまでは届いていない。

フィルは、最終的に到達すべきはそこだろうと信じている。

「これは、エキサイティングであり同時に恐怖でもある、そういう進歩なんだ。面白い時代に僕らは生きているよ」と彼は言う。

第8章

神の道具箱

私たち人間が温室効果ガスをどんどん排出し続けているせいで、地球の気温は恐ろしいスピードで上がり続けている。空気中の二酸化炭素量の上昇によって、海水温が上がるだけでなく、海水を酸性にしている。二酸化炭素は水に溶けると、炭酸になるからだ。高温化と酸性化のいずれにも耐えられない世界中の珊瑚礁にとって、これは致命的だ。石灰でできた珊瑚の骨格は、あっけなく溶けてしまう。

可能な解決法が、オーストラリア北東部のタウンズビルに新しくできた「海洋シミュレーター（SeaSim）」にある、海水を入れた大きなタンクの中にあるかもしれない。広い貯水槽の中では、マデリーン・ヴァン・オッペンと仲間の研究者たちの入念な管理のもと、珊瑚の小さな断片が大量に育っている。外にはグレートバリアリーフがあり、そこは六〇〇種以上の珊瑚のふるさとだが、ここ三〇年で、珊瑚礁の半分はなくなってしまっている。

マデリーンは、進化にちょっとした一突きを与え、未来の海でも生き残れる珊瑚を作り出そうとしている。その方法は、さまざまな種の珊瑚を交配させ、そのハイブリッドたちのうちどれかが、親たちよりも頑健な性質を持つことを期待するというものだ。もう一つの可能性は、珊瑚と共生している海藻を変化させることだ。珊瑚の発生の初期段階で、海藻と珊瑚はお互いの貯蔵物を共有し、切っても切れないパートナーになる。海藻が死ねば珊瑚も道連れだ。海藻は、珊瑚よりも海水温の高さに敏感らしい。研究者は、同じ種の珊瑚をさまざまな海藻と組み合わせることで、水温の影響を受けにくい組み合わせを見つけようとしている。三つ目の方法は、温度がやや高く酸性が強い水の中で珊瑚を育て、よりうまく生きていけるような新しい適応能力を持つ種が自然発生しないかを観察するというものだ。

研究者は、珊瑚にちょっとしたお得能力を授けてから、私たち人間が作り替えつつある世界へと送り出そうとしている。より適応能力の高い珊瑚を自然界に放ってやることによって、ひょっとしたら世界中の珊瑚を救えるかもしれない。

論争の的になりそうな技術ではあるが、これは研究者の絶望から生まれたものである。私たち人間が、動物や植物がついてこられないくらい速いスピードでこの惑星を変化させてしまっているので、進化を促す可能性を考え始める研究者が増えているのである。今のところマデリーンと仲間たちは、自然に起きた望ましい適応を利用しようとしているだけである。だが将来的には、珊瑚たちが海で生き延びられるよう、遺伝子操作をする可能性だってある。

今や研究者は、動物と植物の両方で、以前よりももっと正確で綿密な変化を起こせるようになっている。科学プロジェクトのほとんどは、医学的な研究開発に重点を置いている。特定のタイプの視覚障害を治せる幹細胞を作るとか、ブタに遺伝子操作をしてその心臓を人間に移植できるようにするとか、人間の胎児や乳児に変化を加えて深刻な遺伝病にかからないようにするなどである。患者の治療に遺伝子操作を用いる時代が、今まさに来ているのだ。

二〇一五年秋、白血病にかかった一歳の女児レイラが、そのがん治療に向けて遺伝子操作した免疫細胞の注射を受けた。治療の一環として彼女自身の免疫細胞を壊し、新しいものと取り替えたのだ。骨髄移植のドナーが見つかるまで彼女を生きながらえさせるための一つの手段だと、主治医は言っている。この方法は有効性が高く、今後広く使われることになるだろうとされている。

遺伝子操作した細胞を治療に用いる試みとして、これは二例目だ。その一年前に、遺伝子工学を用いて一二人のＨＩＶ患者の治療が試みられている。ＨＩＶやがんなど多くの病気について、同じような試みが数多く予定されている。

スチュアート・ブランドは、絶滅動物の復活が、遺伝学者と保全生物学者の協力関係を作り出す重要な要素になると見ている。遺伝学者とバイオテクノロジーの開発者を種の保存活動に巻き込み、自分たちが持っている技術を種の保存のためにどう使えばいいかを考えさせようというのが、彼の目的だ。現在この二つの分野の間には大きな隔たりがあり、新しい技術が種の保存に関わる人たちの間に浸透し、広がるまでには長い時間がかかる。

「バイオテクノロジーは、医学での実用化によって推進されている。でも私たちは、できるだけ早くその技術を使えるようになりたいんだ。目的は、種を保存するための技術としてそれを使い、しかも成果をあげることだ。今までみたいに二〇年待たされるなんてことにならないようにね」と彼は言う。新しい遺伝子工学を種の保存と結びつけるというこの仕事が、リバイブ&リストアの最重要課題になっている。

「技術開発のかなり早い段階で動物再生に用いようとしている理由の一つは、それなんだ。その技術がどのようにあるべきか、それが何のために使えるかを考える時、種の保存を選択肢の一つに入れてほしいんだよ。遺伝子工学の発展に関わる人たちのスケジュール表に、『種の保存』という仕事がずっと書き込まれ続けるようにね」とスチュアートは言う。

彼の目的が実現しそうな兆しは、たくさんある。種を保存し、動物を自然界に放つ仕事をしている生物学者フィル・セドンは、再生動物という考え方には批判的だが、現存の種を救うために新しい遺伝子工学を使う話になると熱心になり、希望も抱いている。

「新しい遺伝子工学が、すべてを変えることになるだろう。絶滅危惧種の救助は、遺伝子工学の応用分野の一つになる」とフィルは言う。

フィル自身、太平洋のニュージーランド沖の島々から外来種のネズミを排除するために、遺伝子工学を使えるかどうかを考えているところだ。ネズミは大量の問題を持ち込み、島に住む在来種の鳥や動物を追い出している。ネズミの数を減らすためにこれまで用いられてきたのは毒の利用だが、それには多くの問題がある。まず、他の動物たちも毒を食べてしまうという大きなリスクがある。さらにネズミが毒を避けることを学習してしまうのだ。そうなるとネズミの根絶は無理で、毒をまくのをやめればすぐに群れは回復してしまう。またこの手のプロジェクトは、不必要にネズミを苦しませるという批判の的にもなる。

研究者が島の外来種の完全な撲滅に成功した例も、いくつかはある。だがそれは難しいし、凄まじい努力が必要であることが多い。ところが、遺伝学者がこの問題に対する奇跡的な解決法を見つけたらしい。何匹かのネズミに一種の自滅遺伝子を入れ、島に放つというものだ。その遺伝子のせいで、ネズミの子供たちはみんなオスになり、メスは生まれない。自然界では、そのような突然変異は自然選択によってすぐに消えてしまうが、本当の遺伝学の巧みさが発揮されるのは、ここだ。

この変異を、遺伝子ドライブと呼ばれるものと結びつけるのである。遺伝子ドライブとは、子供たちすべてが片方の親からある特定の性質を受け継ぐようにする遺伝子である。通常なら半分の子供にしか遺伝しないのに。おかげでその性質は通常より速く拡散し、通常の進化で淘汰されることもない。

小さな島なら数世代ですべてのネズミがオスになり、そうなれば自滅するだろう。鳥や小動物たちの数は回復し、種は救われ、独自の生態系は守られることになる。

「僕は本当にそういった試みが見たいし、試せる島はたくさんある。今はまだ技術が新しいし、多くの問題は残っている。でも僕が話した人たちは、うまくいくはずだって言ってたよ」とフィルは言う。

遺伝子ドライブにまつわる研究は、まさに始まったばかりだ。だから実験に基づく学術論文は片手で数えられるほどしか発表されていないが、その結果は期待が持てそうで心強い。そして恐ろしい。間違った方向へ進みそうなところも、たくさんあるからだ。

もし遺伝子ドライブを持ったネズミが島から本土へと泳いでいったら、すべてのネズミは絶滅してしまう。遺伝子ドライブを持ったネズミが他の種類のネズミと交配して子供をもうけたら、その種も絶滅してしまう。もしこれが同時に起こったらと思うと、その結果どんなことになるのやら想像もつかない。屋根裏部屋にネズミ取りを仕掛け続けてきた人にとっては、ネズミのいない世界で生きることは素晴らしいかもしれないが、自然界に対する影響の大きさは計り知れない。

もう一つ可能性がある利用分野は、意図的に一つの種を絶滅させることだ。たとえば、マラリアなどの病気を感染させる蚊の中に、遺伝子ドライブを入れるべきだという議論を続けている研究者がいる。彼らは既に研究室でマラリア蚊の遺伝子を変化させ、この方法の有効性をテストしている。この場合は、メスの蚊をすべて不妊にする突然変異と遺伝子ドライブを結びつけるのだ。この遺伝子を持った蚊が放たれれば、二、三年のうちに種は絶滅するだろう。

この技術のもう一つの使い道は、蚊が病気をまき散らすのを防ぐ遺伝子を入れてやるというものだ。マラリア蚊では、この技術も既に試されている。蚊は生き残るので、生態系に与える影響は少ないのだが、病原体が耐性を強めて戻ってくるかもしれないという危険性もある。さらにもう一例として、遺伝子ドライブをマダニに入れて、ボレリア菌をまき散らせないようにする可能性を考えている研究者もいる。

遺伝子ドライブの技術はとても新しいが、世界中の遺伝学者の間でそれについて激しく議論されている。ポジティブな意味でもネガティブな意味でも、その効果があまりに大きいからだ。そこで研究者は、もし何か間違ったことが起きたら遺伝子ドライブを止められる、安全装置を作ろうとしている。最初のそれが、研究室でテストされ始めたばかりだ。だが多くのことが、もし遺伝子ドライブが野生動物の遺伝子に入ってしまったら、基本的に取り返しがつかないだろうということを示している。

嫌われ者の動物や感染症をなくそうという試み以外では、野生動物を病気から守るために遺伝子工学を用いることもできる。

ボストンのジョージ・チャーチにとって、マンモス復活は彼がやりたいことのほんの一部にすぎない。彼はまず、現存のアジアゾウをウイルスから守りたいのだ。時としてゾウの子供を死に追いやるヘルペスウイルスの変種であり、現在アジアゾウにとって最大の脅威である。もちろん人間以外で、という意味だが。

「もしヘルペスウイルスを排除できたら、もしくはアジアゾウにとって致命的なものでなくしてやることができたら、それだけでも絶滅のリスクを減らせるだろう。だから寒さに強いゾウを作るより先に、ヘルペスに強いゾウを作らなきゃいけないんだ」と彼は熱心に言う。

目的は、治療法を見つけることだ。ワクチンか遺伝的なアンチウイルス治療の可能性、もしくはその両方を考えている。フィル・セドンも、遺伝子工学は病気との闘いに大きな効果を持つと信じている。彼は、カエルやコウモリを、今彼らを脅かしている菌類に対して強くする可能性を考えているのだ。

「たとえば菌類に強いカエルを作れたとしたら、それをやるだけのとてもいい理由があるんだよ」とフィルは言う。

世界中のカエルの間で流行っている伝染病のせいで、カエルの種の三分の一が絶滅の危機にあるというのだ。カエルツボカビというカビが、最大の原因となっている。野火のように世界中に広がり、すべての種を凄まじいスピードで滅ぼそうとしているのだ。そのカビはカエルの皮膚に生えてそれを分厚く硬くしてしまうので、カエルは皮膚から水や栄養を取り込めなくなって、あっという間に死んでしまう。

世界中のコウモリもまた、現在似たような病気に脅かされている。コウモリの鼻や翼で育つカビのせいで、アメリカ中で五五〇万匹以上のコウモリが死んだ。研究者は遺伝子工学の力でこの二つの病気を止めることができると信じており、いくつかの可能性が今研究されている。

いろいろなプロジェクトについて読み、研究者たちと話すうちに、彼らが実用化しようと考えていることは、極めて複雑なものから単純なものまで幅広いということがはっきりしてきた。世界中のカエルを脅かす病気の根絶のための議論は、極めて単純だ。マラリアをまき散らす蚊の根絶は、より面倒な倫理問題を抱えている。だが毎年四〇万以上の人を死から救うことができるのなら、それがいい考えなのは当然じゃないかという気もする。もしその技術が向上し、十分な効果を与えられるようになるなら、反対できないのではないかと思うのだ。

だが珊瑚やその他の種を、気候変動に耐えられるように変化させる話になると、ことはさらにややこしくなる。ここには最新の遺伝学の方法を用いる可能性と、使わない可能性とがある。

たとえば最近、水温が高くても生き延びられるサケの自然変異種が発見されたが、その変異遺伝子を他の種のサケに移植することだってできるのだ。

自然を変えるのでなく、温暖化を止めた方がいいんじゃないのか？　答えは明らかにイエスだ。だが、残念ながら現実はそう簡単じゃない。人間には気温の上昇をちょうどよいレベルに抑えておけるだけの能力がないらしく、そうなると結局、世界中の研究者がその効果を和らげるためにできることをした方がマシなんじゃないかということになるのだ。

だがそのあとはどうなるのだろう？　本当に厄介なことになるのはここだ。私たちは、人間が変えてしまった環境に耐えられるよう、種を変化させるべきなのだろうか？　理論上は、すぐにでも望み通りに自然を作り替えられるようになるだろう。だがどこでその変化を止めるべきか、決めるのは難しい。

「僕たちは、最終的に自分たちはどこへ落ち着くのかという、えらく難しい問題を抱え始めている。こんな問題について議論できるなんて、今はエキサイティングな時代だと思うよ」とフィルは言う。

もちろん、ここで取り上げているような種の変化について、みんなが前向きなわけではない。はっきりと、二つの陣営に分かれている。一つのグループは、今の状況は極めて深刻であり、まだ残っている生物多様性を守るチャンスを求めて行動しなければならないと言う人たちである。二つ目は、こういった変化は現存の自然をそのまま残すという目標から外れていると言うグループだ。人間の力で自然を変えてしまえば、それは本来の自然とまったく別物になり、世界そのものが変わってしまう。しかももし何か間違いが起きたら、人間のコントロール下から外れるかもしれないという、とんでもないリスクを内包していると彼らは言う。

「僕たちが、人間の影響で変わってしまった世界により適応した、人工の野生種を作れるってことが大事なんだ。鉛や殺虫剤に対してより抵抗力があり、暑さや乾燥により耐久性がある種をね」とジョージ・チャーチは言う。彼は、この進歩はポジティブなものであり、私たちはそのために努力すべきだと考えているのだ。

「この技術は、種の基本を変えるものじゃない。ただ、今の環境に適応しやすくしてやるだけなんだ。ちょうど、ここ数百年の間に人間を都市生活に適応させた、すべての変異のようにね。変異のせいで、僕らは人間でなくなったりはしていないよ」と彼は続ける。彼が話している間中、花開こうとしているその新しい可能性に対する情熱が輝き続けていた。

私自身は、それに対しては居心地の悪さを感じている。自分が何を正しいと思い、何をとんでもないとしか思えないか、それすら理論的に境界線を引くのが難しいのだ。

動物たちを新しい土地で暮らしていけるように変化させ、今後は脅かされることのないような場所に移動させてやるという可能性についてもそうだ。ジョージは、何度も何度も繰り返し「僕は、アジアゾウを守るためにマンモスを作っているんだよ」というお気に入りの自説を披露する。ゾウたちに、新しい土地で暮らしていける可能性を与えてやるんだと。

「ほんの数個の遺伝子を替えるくらい、アジアゾウにとっては大したことじゃない」と彼は言う。

別の見方をすれば、ジョージは絶滅したマンモスからインスピレーションを受けて、まったく別の種を作っているとも言える。彼は進化に一突き加えて、本来ならおそらく行かなかっただろう方向へと導こうとしているのだ。もし新しいマンモスが通常の進化の道を辿って生まれるとすれば、それには何十万年、ひょっとしたら何百万年かかるだろう。だが今、それがたった二、三〇年で起こり得るのである。

「彼はマンモスを蘇らせるというよりは、その代わりを作っているんだ。でも一般人から見たら、北のシベリアに住んでいる毛むくじゃらのゾウは、マンモスも同然だろう。これもまた、面白い議論になりそうだね」とフィルは言う。

この技術を使えば、もちろんまったく新しい種を作ることもできる。本来なら決して起こりえない方法で、動物を変化させてやるのだ。

「保全生物学にとっては、まさにこれこそが偉大で新しいチャンスだと、僕は思ってる。現代の環境により適応した、新しい動物を作るんだ。その方が、なかば無理矢理に古いものの新しいバージョンを作るより、よっぽどマシだと思うよ」とジョージは言う。

私はジョージに、この技術のせいでとんでもない間違いが起こるかもしれないのに、それを不安とは思わないのかと聞いてみた。

「もちろん不安だよ。実は心配性なんだ。僕は、考えられるあらゆることを心配してる。何でもかんでもね。つまり僕にとっては、これをやらなかったらどうなるかってことも心配なんだよ。だけどできるだけたくさんのさまざまなシナリオを想定し、熟考し、その仮説が正しいかどうかの小さなテストをやれば、まったく問題ないと僕は思ってる。ちょうど、新しい薬品を売り出す時にやるみたいにね」と彼は言う。

だがハーバードの研究室に座ったままで、ジョージはどうやって境界線を決められるのだろう？

「僕は、境界線を決めるのは得意じゃない。専門は、境界を克服することさ」と彼は言って、小さく笑った。この時の彼はこれまで以上にサンタクロースのように見えたが、私は彼が大真面目だということも知っているのだ。

チェルスキーの飛行場は、川岸に沿った平らな砂利の上にある。ここへは、プロペラ機でしか来られない。背後に見える村は、ほとんどの家が空き家だ

1980年代以降、チェルスキーで研究センターを運営している研究者、セルゲイ・ジモフ。彼をこの地に残らせたのは、ソ連のプロパガンダからの解放と自然に対する愛だ

他のゾウたちと同じく、マンモスもあごの中の上下左右に1本ずつ、4本しか歯を持っていなかった。このように保存状態がいい完全な歯は、重さがおよそ3キロにもなる

廃棄されたテレビ局跡でジモフ一家が運営している研究センター

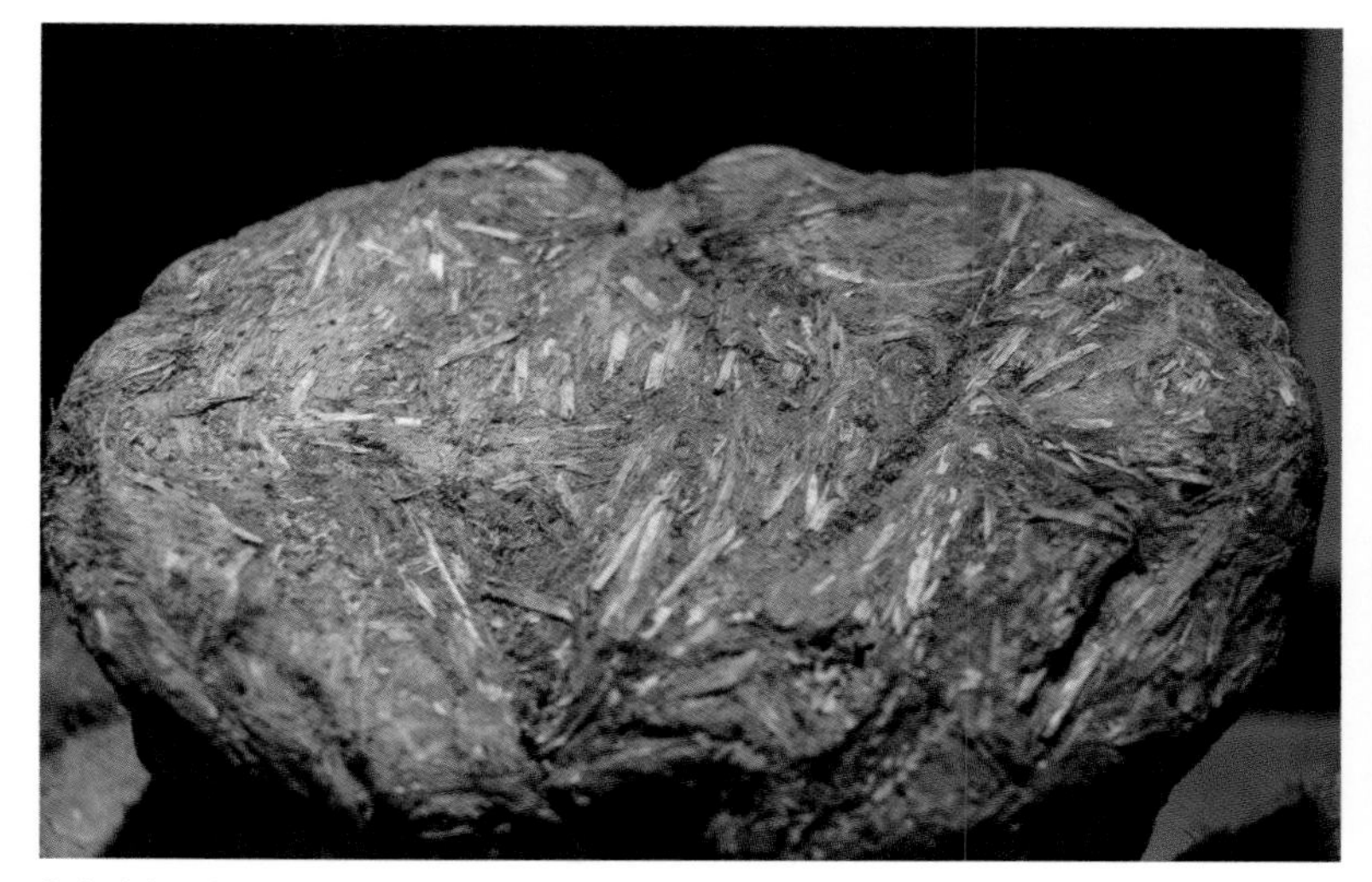

永久凍土の中に保存されているのは、マンモスの身体だけではない。糞もある。この繊維たっぷりの糞は、ヤクーツクのマンモス博物館で展示されている

「永久凍土の王国」の中の長い通路は霜柱で覆われていて、あちこちにカラフルな照明があり、甲高い音でピアノ音楽が流れている。通路は氷の彫刻と、マンモスその他の動物の骨でいっぱいだ

「永久凍土の王国」内のカラフルな照明の間には、本物の牙をつけたマンモスの、圧倒されるようなレプリカもある

この保存状態がいい頭蓋骨には、皮膚も毛も残っている。壁に沿って氷のブロックが積み上げられているのは、観光客が来ても部屋の温度が上がらないよう管理するためだ

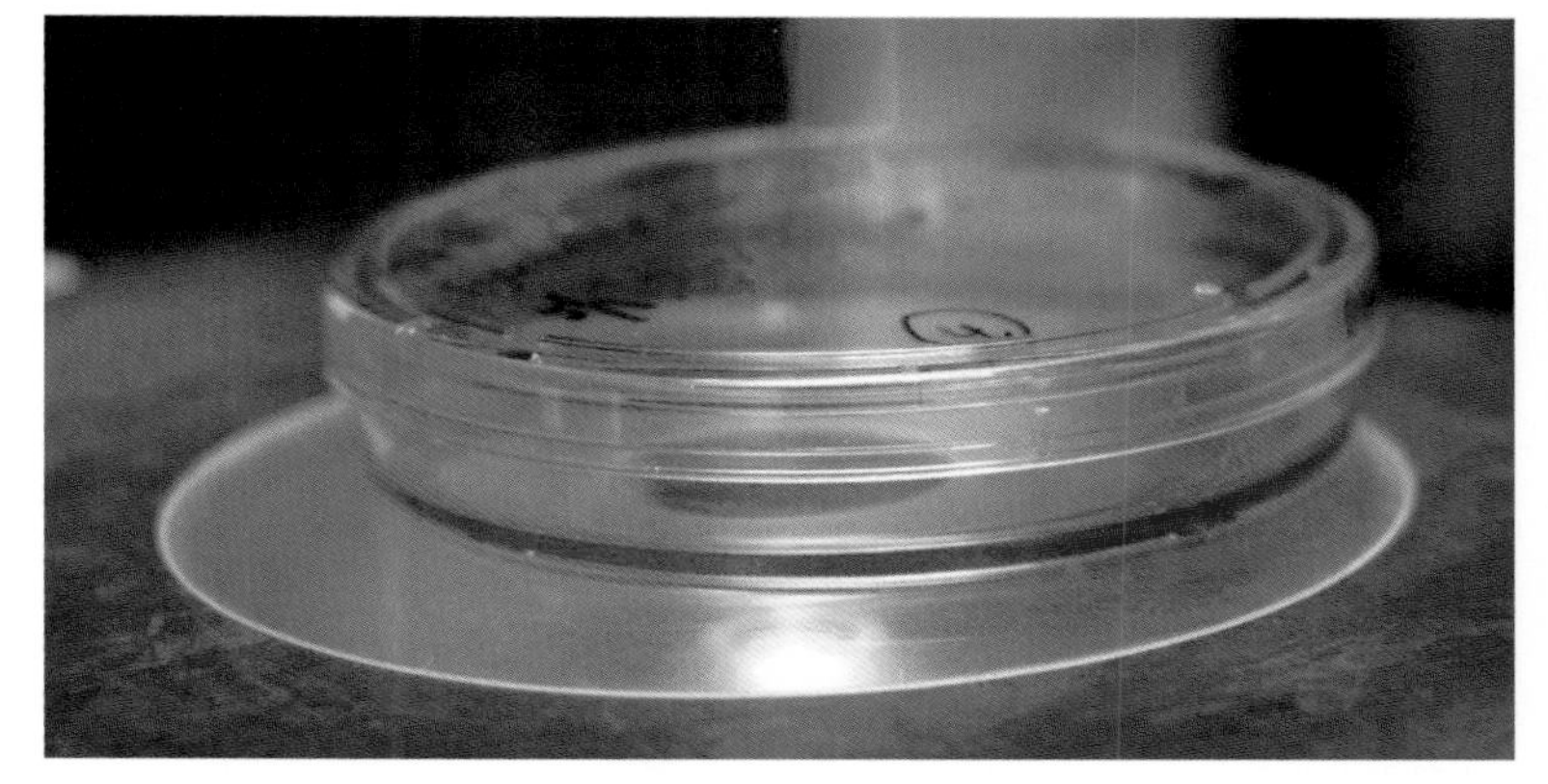

この培養皿の中には、ジョージ・チャーチが作りたがっているマンモスの素が入っている。ゾウから取った皮膚の細胞に、マンモスから取った14個の遺伝子を組み込んであるのだ

ハーバード大学のジョージ・チャーチは、驚くほど楽天家で情熱的な人物だ。マンモスの再生は、彼が関わる多くのプロジェクトの一つに過ぎない

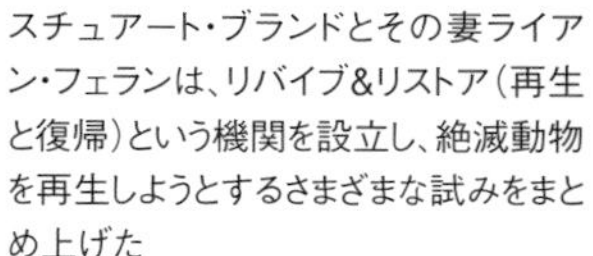

スチュアート・ブランドとその妻ライアン・フェランは、リバイブ&リストア(再生と復帰)という機関を設立し、絶滅動物を再生しようとするさまざまな試みをまとめ上げた

最後のリョコウバト、マーサは、1914年に死んだ。今彼女は、ワシントンD.C.のスミソニアン研究所で、剥製になっている

世界中の博物館に、何百というリョコウバトの剥製がある。このカラフルなオスは、ルンド大学の動物学コレクションの中にあるものだ

リョコウバトのオスは、メスより羽毛の色がカラフルだ。オスとメスの違いをどうやって出すかは、研究者たちにとって大きな課題だ

研究者ベン・ノヴァクは、さまざまなリョコウバトの剥製から取ったゲノムが入った試験管を見せてくれた。この小さな試験管一つ一つに、1羽のハトのDNAが入っている

剥製にされた鳥のゲノムはすぐに分解されてしまい、分析が難しい。爪先の一番肉付きのいい部分が、最も状態がいい

2015年に私がノラを見た時、彼女は当時まだ生きていたキタシロサイの最後の4頭のうちの1頭だった。同じ年のうちに彼女は死に、今生き残っているのは3頭だけである

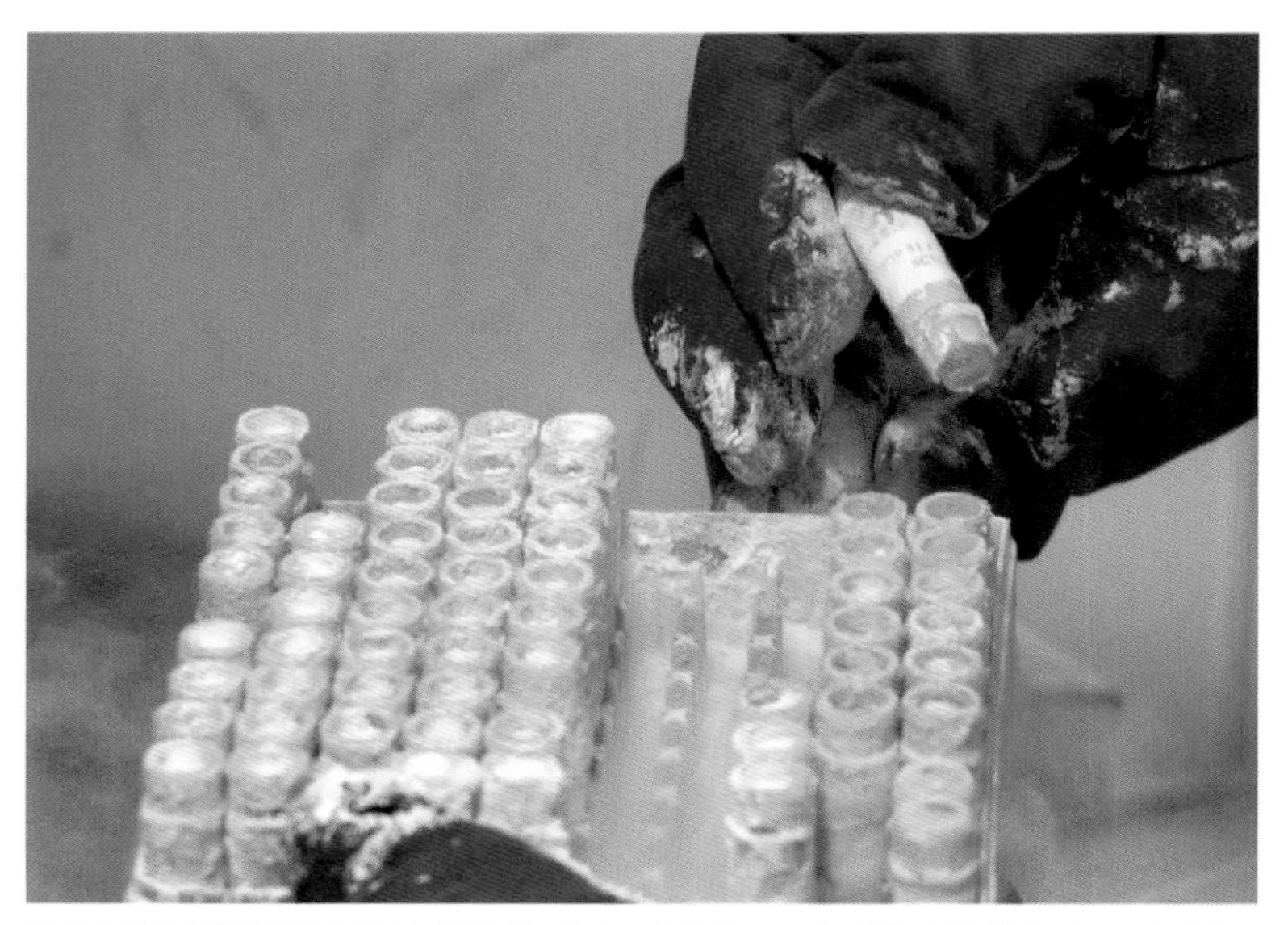

絶滅危惧種や絶滅種の細胞は、液体窒素の中で凍結されている。細胞はまだ生きており、冷凍庫からサンプルを取り出して解凍すれば、分裂し続ける

1000以上のさまざまな種から取った凍結細胞でいっぱいのタンクのわきに立つ、オリバー・ライダー

ジーン・ローリングは、キタシロサイの凍結細胞を幹細胞に作り替えることに成功した。キタシロサイ再生への、画期的な第一歩である

ヘール郊外のスコーネ動物園には、一群のヘック牛がいる。このウシはオーロックス再生のために生まれたが、研究者はこれで目的を達したとは見なしていない

南スウェーデンのオーロックスには、地面から背中まで1メートル80センチほどの巨大な個体もいた。このオスはスコーネ地方で発見され、今はルンド大学の動物学コレクションに収まっている

「洪積世公園」の茂った草むらで、蚊の群れに取り囲まれて立つニキータ・ジモフ。草食動物たちが、本来なら地面を覆い尽くすであろう樹木や藪を駆逐してくれる

セルゲイ・ジモフは、ソ連時代の古い装甲車を手に入れて、公園内の樹木を倒している。彼は、マンモスがその役割を果たしてくれると期待している

草食動物と開けた地形は、花たちにも優しい。そこら中に、きれいなピンク色のカーネーションが咲いていた

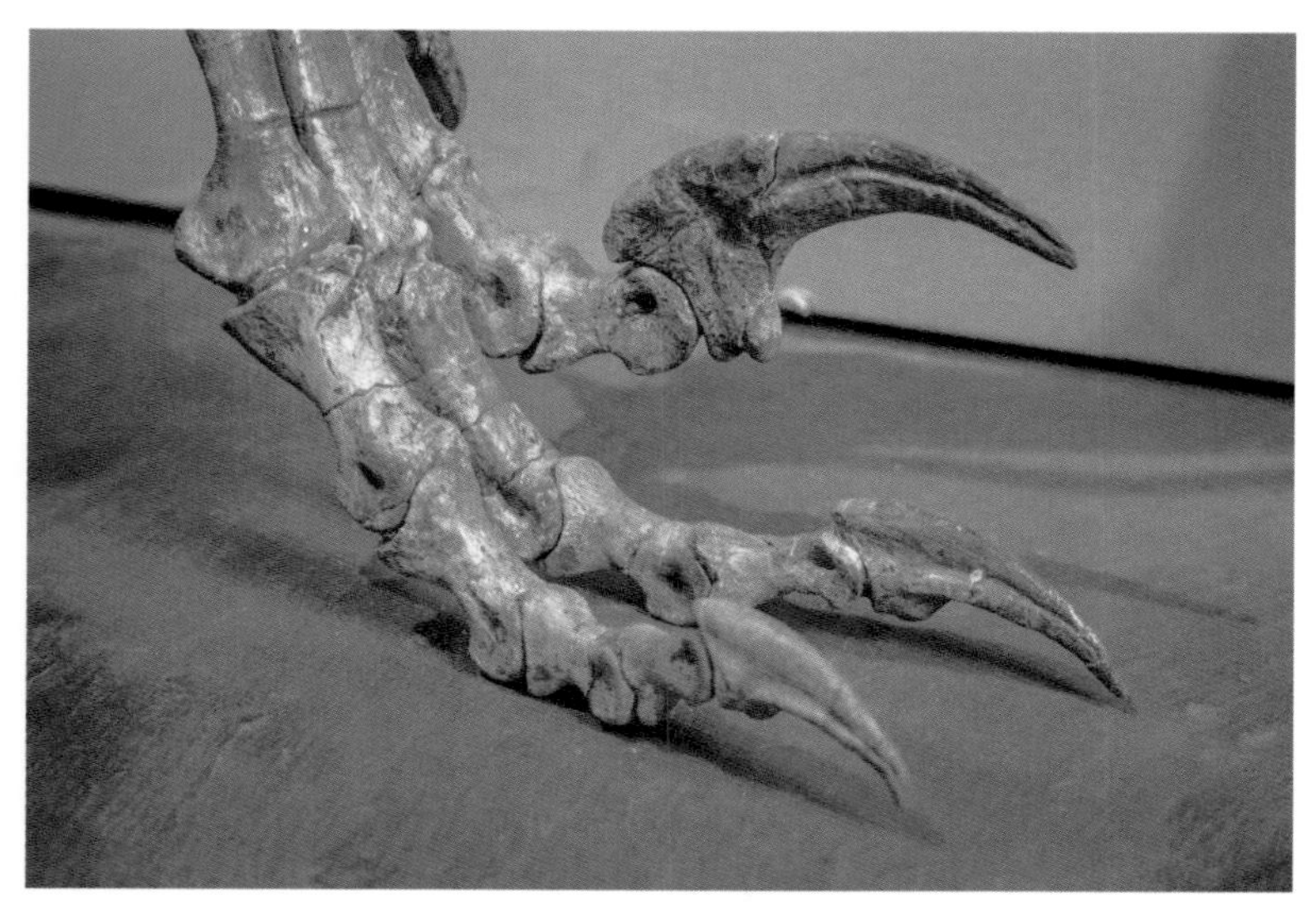

映画『ジュラシック・パーク』のヴェロキラプトルのモデルになった恐竜、デイノニクスの足。古生物学者たちは驚くほど保存状態がいい恐竜の化石を発見するが、それをゲノム研究に利用できる望みは、まったくない

ヴェロキラプトル及び、最初の鳥である始祖鳥の頭蓋骨のレプリカ。ヴェロキラプトルは高さが約50センチあったが、始祖鳥はカササギ程度の大きさである

シベリアで人々は永久凍土に穴を開け、夏の間食材などを冷やすのに使っている。数メートル下の地中では、外が真夏だろうが冬だろうがいつでもマイナス9度に保たれているのだ

アークハット・アブザノフは、卵内でのニワトリの発生に影響を与え、くちばしの代わりに恐竜のような顎を生み出すことに成功した。だが彼は、進化の研究のためにそれをやったのであり、恐竜の復活などは考えていない

デュヴァニィ・ヤールでは、永久凍土が溶けて泥がゆっくりと地滑りを起こし、それが夏の間中続いている。マンモスの骨が地中から姿を現し、ぬかるみで支えを失った樹木が倒れている

溶けつつある永久凍土の中に、地中にくさびのように食い込んだ氷の層が見える。それが溶けるとその上部にある地面は崩壊し、新しい湖ができるのだ

研究センターから見る景色は、素晴らしい。私が見た中でも、最も美しい場所の一つだと思う。だがセルゲイ・ジモフは、あまり嬉しそうではない。「これは自然じゃない、ただの墓場だってことを、人々は知るべきなんだ」と彼は言う

カラー写真撮影:Torill Kornfeldt

第9章

成長する死者

一八七六年、日本から来たクリの積荷という姿をして、アメリカに死がやって来た。それは、アジアの美しい樹木の実と小さな芽でいっぱいの箱だった。日本のクリはアメリカのクリよりも小さく、樹木の美しさとその実のために栽培されていた。マンハッタンでその荷物を受け取ったランドスケープアーキテクトのサミュエル・B・パーソンズは、国中の果樹園にその苗木を売り始めた。だが彼は気づかないうちに、木と一緒に他の種も売ってしまっていたのだ。クリ胴枯病菌という菌を。

日本のクリは、樹皮の下に生えるその菌に対して耐性がある。クリの木が感染しているかどうかは外からではわからないので、失敗も無理はないと言える。だがアメリカの野生のクリにとって、それは破滅を意味した。アメリカ合衆国の東半分、南はミシシッピ州から北はメイン州までの地域ではクリは一般的な樹木であり、広葉樹林の四分の一はクリだと言ってよい。春になってクリの木に白い花が咲くと、連なる丘がまるで雪に覆われているように見えるなどと描写されるほどだ。その実はリスやリョコウバト、昆虫から人まで、あらゆるものの食料になる。アメリカグリは、ヨーロッパのクリと比べて美味しいとされ、粉にして焼き菓子に入れたり、暖炉で焼いたりシロップ漬けにしたり、ビールの材料にしたりしている。材木は家を建てるのに使えるし、樹皮はレザーをなめすのに使われる。

アメリカグリは樹高三〇メートルほどにまでなる立派な木で、一〇〇年以上生きる。だがその新しく入ってきた菌に対しては、無力だった。菌は樹皮と樹木本体の間に取り付き、そこで酸を出して木の細胞を殺し、そこに寄生する。死んだ組織は一種の腫瘍のようなものを作り、それが幹で広がって、根と梢の間を栄養や水が行き交えないようにしてしまう。そのダメージは、人間が木の皮を丸はぎにして枯らしてしまうのと同等だ。

病気は野火のように広がり、わずか五〇年後には三〇〇〇万本のクリの木が枯れた。森の中のほとんど二本に一本の木が枯れたことになる。今も、大きくて立派なクリの木はわずかに残っている。だがそれはわざわざ植えられたもので、どれも元々クリの森があった場所からは遠く離れた場所で育ったものだ。たとえばカリフォルニアや、西海岸のワシントン州などである。今も東アメリカの大きな森には、菌に冒された樹木の一部から伸びた根系が残っている。それらは何度でも起き上がってくるゾンビみたいなもので、繰り返し芽を出し、二、三年は育つが、また菌が取り付いて枯れてしまうのである。寄生菌は、他の種類の木の樹皮の下で、その木を枯らすことなく生き延びているのだ。だから、ここの森が伝染から解放されることは決してない。

つまりアメリカグリの木は、事実上絶滅種だということだ。生き残りはいるかもしれないが、森はクリの木によって特徴付けられていた性質を失ってしまっている。春には昆虫が花粉や花の蜜を吸ったし、秋にはクリの実をたくさん収穫できたのに。クリの木がなくなってしまったせいでアメリカの風景は劇的に変わり、現在の森は他の種で溢れている。

だが、クリの木が戻ってくるかもしれない兆候はたくさんある。

「僕たちは五年後くらいに、抵抗力が強いクリの木を森に植え始めようと計画してるんだ。あとは、許可を得るための法的手続きだけだよ」とニューヨーク州立大学の研究者、ウィリアム・パウエルは言う。彼はこの二五年間、クリ胴枯病に対して抵抗力があるクリの木の開発を試みてきた。ウィリアムは明るく熱意ある人物で、インタビューの間も何度も大声で笑い、愛するクリの木について語り合えるジャーナリストがまた一人増えたことを、ただただ喜んでいるようだった。

「このプロジェクトを始めた時、僕らは五年で終わるだろうって思ってたんだ。実際には、二五年かかったよ。若い研究者みたいに、夢中になってね」と彼はジョークを言う。博士課程でクリの研究を始めたが、プロジェクトが始まるまでさらに二、三年かかった。今は、定年まであと一〇年である。五年後に植樹したいと願っている苗は、彼にとって既にライフワークだ。

一九八〇年代前半からずっと、アメリカグリを、胴枯病菌に強いアジアのクリと掛け合わせようというプロジェクトが進んでいる。目的は、アメリカグリに似てはいるが、病気に対する抵抗力があるハイブリッドを作ることだ。問題は、アジアのクリの木がアメリカのものよりかなり小さいことだ。だから研究者は最初の交配のあと、ハイブリッドをまたアメリカの木と掛け合わせて、できるだけ日本のクリゲノムの割合を減らし、だが抵抗力は保てるよう努力している。交配の結果、親から望ましくない遺伝子をもらってしまうことが多いので、作業はなかなか進まない。期待とは逆に、抵抗力のない小さな木ができてしまうこともある。

ここでウィリアムは別の道を選んだ。クリが寄生菌から身を守れるようにしている性質を、探し始めたのだ。菌は樹皮の下に潜り込むと、木の細胞を殺すシュウ酸を作り始める。コミヤマカタバミやルバーブを酸っぱくしているのと同じ酸だ。ウィリアムは小麦で、植物が酸を中和し、菌を無害化する遺伝子を発見した。酸で攻撃してくる菌による病気は多いので、多くの植物がそれから身を守るメカニズムを発達させなければならず、小麦にもその遺伝子があったのだ。

「どこにでもある遺伝子で、他にもこれを持っている植物はたくさんある。小麦以外だと、たとえばイチゴとかバナナとか」とウィリアムは言う。

彼は、遺伝子組換え作物を作るのと同じ方法で、クリゲノムの中にその遺伝子を入れた。最初は、日本のクリから遺伝子を拾い出すことを考えた。アメリカグリと日本のクリは近い親戚同士なので、その方がうまくはたらくのではないかと思ったのだ。ところが日本のクリの抵抗力は複数の遺伝子に依存していたので、他の種から同じはたらきをする遺伝子を一つ探し出す方が、結局は簡単だったのである。小麦からとった遺伝子以外に遺伝子マーカーも入れ、その変化が本当に機能し、やるべきことをやっているかどうかをチェックできるようにした。彼は抵抗力のあるクリの最新モデルに、ダーリン54という名前をつけた。

「僕らは、アジアのクリよりもっと抵抗力の強いクリの苗を作り出したんだ。新種を作ったんですかって聞かれるけど、そうじゃない。二つの違う木を掛け合わせてハイブリッドを作ればそれは新種だけど、ここで起きてる変化は交配の場合よりはるかに小さいからね」とウィリアムは言う。

彼は私に、三つの違うグループの苗木がまだ小さいうちに菌に感染した時の様子を撮影した動画を見せてくれた。普通のアメリカグリでは葉が丸まってしなび、灰色になって落ちてしまった。アジアのクリは、苗木は小さいけれど少しマシで、葉が少しだけ垂れ下がり始め、白っぽい黄色になった。何本かは元気そうだったが、何本かは枯れているように見えた。真ん中が、「ダーリン54」と札がついたグループだ。苗は高く育ち、深緑の葉が生い茂っている。元気な木とはかくあるべきといった様子だった。今のところダーリン54は最良の変種であり、ウィリアムはその結果に誇らしげだった。

今彼は、遺伝子を変化させたその木を露地でも植えられるよう、法的な手続きを始めている。アメリカの畑で遺伝子組換え作物を育てようとするならば、必ずやらなければならないのと同じ手続きだ。三年から五年はかかる手続きだが、それが終わればその木はアメリカ中のどこにでも植えられる。現在は、研究者は研究目的であれば限られた場所で遺伝子組換え樹木を育てることが許されている。遺伝子組換えされた花粉が自然の中に飛び散らないよう、雄花は摘み取るか袋をかぶせるかしなければならないが。

野生では、クリが実をつけるようになるまでには七、八年かかる。だが研究室と栽培場では、そのプロセスの短縮に成功した。二〇一五年秋、ウィリアムは遺伝子組換えのクリから最初の実を収穫した。数はあまり多くなく、全部を成分分析のためにある研究室に送った。

「僕らは、めちゃくちゃ慎重になってるよ。確実に成功したいからね」と彼は言う。

次に収穫されるクリは、できればより多くの苗木を手に入れるために植えたい。彼は、必ず許可をもらえると確信している。障害になるようなことは、何もないはずだ。

ウィリアムは、変化した樹木が森の中でどのように機能するかを実験してみた。想定外のことなんか何も起こらないという、確信が欲しかったのだ。花の蜜を吸う昆虫たちに何か起こるかどうか、また地面に落ちた葉がどのように分解されるかなどを、広く調べた。

多くの動物が、おそらくこのクリの木の花や実に救われるだろう。だがもちろん、負け組も出るだろうとウィリアムは考えている。それが何かはわからない。試験栽培の途中で、彼らはこのクリに依存する変わったカブトムシを見つけた。もしこのクリが広まれば、おそらくこのカブトムシもどこにでもいるようになるだろう。ちょうど、今森の中に残っているクリの木で、何とか生きている他の種たちのように。またクリが増えれば、今度は樫の木が減る。つまり樫に依存している種は、減るリスクがあるということだ。

遺伝子組換え樹木を植えて増えるままにするとなると、慎重を要する。遺伝子組換え作物に対する強い反発があるからだ。活動家の反対によって研究が一時中断することなど、よくあることだ。私はウィリアムに、環境保護団体などからプロジェクトへの批判を受けたことがあるかと尋ねてみた。

「実はそう多くはないよ。毎年たくさんの講演をして、僕らが何をやってるかを話してるけど、そんなに多くの批判は受けない。大学の敷地内に植えてるクリの木を切られたりもしてないしね。多分、遺伝子操作にいい利用分野があることを、理解してくれてるんじゃないかな」と彼は言う。

絶滅種を復活させようとするさまざまなプロジェクトのいずれにとっても障害となっているのが、この批判だ。結局のところ種は遺伝子組換えされることになり、そのためそれを野生に放とうとすれば、一般からの強い反発を受けるリスクを負う。ウィリアムたちが木を森に植え始めたら人々がどういう反応を示すか、予想もつかない。

遺伝子操作したクリの木でやろうとしていることは、多くの人が不安に思う遺伝子組換え作物でやろうとしていることと同じである。つまり研究者は、新しい遺伝子が野生の樹木の中に広がっていくことを望んでいるのだ。ウィリアムは、自分たちが植えるクリの木が、森でやっと生きているクリのできるだけ多くと交配してくれることを願っている。森の中で生きながら死んでいるような木々のほとんどは、実や花粉をつける前に枯れてしまう。だが、たまに実や花粉がつくこともある。その時その木々が遺伝子操作されたクリの苗木と交配すれば、菌に対する抵抗力が子孫に広がっていくはずだ。それが、種が再び花開くきっかけになるはずだというわけだ。

「残っている切り株にも、まだ遺伝的なバリエーションがあるんだよ。それらを遺伝子組換えされた木と交配させることで、救いたいと思ってる。目的は、野生に残っているバリエーションを利用することだ。遺伝子組換えしたクリの木は、遺伝的にはお互いかなり似てるからね」と彼は言う。

つまり抵抗力のある苗木を植えて、残っているわずかな野生の木々と交配させるという計画である。研究者がクリの木に入れた遺伝子は優性なので、クリの苗木が親からその遺伝子を受け継ぎさえすれば、その木は病気に対する抵抗力を得られる。

だがウィリアムが作り出した抵抗力は、菌を死滅させるわけではない。アジアのクリと同じように、菌は木の中に残る。それは問題なのでは？ 菌が広まり続けるなら、状況は悪くなるばかりなのではないのか？ 私はそう尋ねてみた。

「そんなことはないよ」とウィリアムは答えた。「むしろそれは、クリの木と菌との間の軍拡競争のリスクを減らすことになるんだ。もし遺伝的な変化で菌が死んでしまうようにすると、菌がそれを回避する方法を進化させる、大きな一押しになってしまう。菌は中和されるけれど生き続けられるようになっていれば、菌が木の抵抗力に耐性をつけてしまうリスクも減るんだ」と彼は説明する。

「そのリスクを減らすために、もっと遺伝子を足してもいいかもしれない。僕らは、ちょっと別のやり方も考えてるんだ。でも実際には、菌がこれに対する耐性を進化させるリスクは極めて小さいと思うよ」とウィリアムは言う。

アメリカグリは、絶滅種を再生したり復活させたりする試みの中では、最も先んじていると言える。もし申請が通れば、この新しいクリの木が、自然界に再び広がっていく初めての復活種ということになるだろう。もちろん、アメリカグリは本当の意味では絶滅していないと言い張ることもできるが。

現在ウィリアムとその仲間たちは、当局からの承認を待ちながら、許可が下りたらすぐにでも植えられる苗木を育て始めようとしている。すべては、まるで慈善事業のような非営利だ。行った遺伝的変化に特許はとっておらず、苗木は原価で売ることにしている。ゴーのサインが出たらすぐにでも万単位で苗木を出荷できるよう、準備が進められている。誰でもいいから自分の庭にクリの木を植えてほしいと思ってもいるが、彼らが何よりも望んでいるのは、クリの木が森に帰ることだ。

一つの可能性は、廃坑になった露天掘りの鉱山だ。鉱山会社には、採掘が終わったあと、自然を元に戻さなければならないという義務がある。ウィリアムは、そういった土地がクリを他の木々と一緒に植える、最適な場所になるのではないかと考えているのだ。荒れるに任せた耕作放棄地もたくさんあり、そこもクリの植樹に適しているとウィリアムは考えている。

「『クリの木を植えるために、他の木を切り倒すつもりですか?』ってしょっちゅう聞かれるけど、断じてそんなことはしないよ。森が戻りつつある場所なんてたくさんあるし、森の中にはいつだって、古い木が倒れてなくなってしまった場所がある。竜巻とか、小さな火事のせいでね。僕たちは、そういう場所にクリを植えたいんだ」と彼は言う。

クリの木が自力で増えるようになるまでには、かなりたくさんの木を森に植えなければならないだろう。一体どれだけ必要になるかは、わからない。この新しい住人を定着させる際に問題となるのは、森中のみんながクリを食べるのが大好きだということだ。植えるのがほんのわずかであれば、みんなリスや昆虫に食べられてしまい、新しい苗木は育たないだろう。だが十分な数の木を植えれば、なんとか数本は育つはずだ。

「でもその頃には僕は定年だ。できればちょっとした土地を手に入れて、二、三ヘクタールあるクリの森を育てたいね」と彼は言って、くすくす笑った。

すべて終わるのはいつなんだろう？ クリの木が人の支援を必要としなくなるのは、いつになるの？ 人々がクリの木を切り倒し、木材として使えるほどになるのはいつ？ 私は、ウィリアムに尋ねてみた。

「さぁ、どうだろうね。でも、多分その頃僕はもう死んでるだろうな」とウィリアムは言い、再び笑った。「僕はいつも、『この復活プロジェクトを始めることはできるが、完遂するには一〇〇年かかるぞ』って言ってるんだ。大変な努力も必要になる。ボランティアが植樹してくれなければ、木が自分の力で増えていけるようにはならない。それじゃあ、あちこちの庭にほんのわずかなクリの木があるってだけだよ」と、彼は少し真面目に続けた。

彼にはいまだに、一〇〇年前にクリの木が消えた時にできた森の傷跡が見えているのだ。そしてクリは、まだ生き残るために闘っている。危機がまだ続いているからこそ、彼は自分が作ったクリでそれを解決したいと願っているのだ。私たちが失いかけている、だがまだ辛うじて残っている何か永遠に価値あるものを、復活させるための方法で。その何かとは、樹木そのものだけではなく、樹木が生態系に与えるありとあらゆる影響とも言えるかもしれない。リョコウバトの復活を夢見るベンのそれと、似たような思想だ。だが白い花で覆われた高貴な木々という想像は、木の実を食い尽くし糞をまき散らすハトの巨大な群れを思い浮かべるのに比べて、怖さがまったくない。

ウィリアムはその夢を達成するだろうと、私は思う。一つには、クリの木が消えたのはかなり最近であり、森にクリの木を取り戻すだけの科学的、生物学的に強い根拠があるからだ。新しいクリの木はおそらくうまくやっていくだろうし、きっとそれは他の種の助けにもなる。だがやっぱり、プロジェクトがうまくいきそうだと思う一番の理由は、木というものが愛されやすいからだ。既にたくさんのボランティアから、植樹を手伝いたいという申し出が来ているし、鉱山会社によって破壊された自然を再生するプロジェクトには、驚くほどたくさんの寄付が集まっている。遺伝子操作に懐疑的な人たちをも、納得させるに十分である。私も、アメリカグリの木を復活させようという考えは気に入っている。

ウィリアムが、アメリカにとってクリの木を失うことがどれだけの損失かを語っているのを聞きながら、私はスウェーデンの森について考えないわけにはいかなかった。そこにも死は来ている。しかも何度も。カブトムシがまき散らす菌によるニレ立枯病は、スウェーデンを含むヨーロッパ中の美しい木々を大量に枯らした。健康なニレの木は四〇〇年から五〇〇年ほど生きるが、暴れまわるニレ立枯病に感染すると、数ヶ月で枯れてしまう。

「スウェーデンのほとんどのニレの木が感染してしまったわ。でも私は、ニレの木が消えてしまうとは思わない。ニレの木は、感染する前に種を落とすほどにはなんとか育つから。だから私は、ニレという種は残ると思ってる。でも、風景は変わってしまうでしょうね。大きなニレの木が育つことはもうないでしょう」と、ルンドにあるスウェーデン農業科学大学の研究者で、樹木が感染する菌の専門家であるヨハンナ・ヴィッツェルは言う。

菌は今やスウェーデン中に広がり、人が抵抗を試みられるのは、もうゴットランド島だけだ。一九九七年以来、EUはニレの遺伝的バリエーションを保存し、病気に抵抗力のある木があるかどうか調べるというプロジェクトを立ち上げている。彼らはヨーロッパ中から木のクローンを何百と集め、ヨーロッパのニレが回復する可能性を探し出そうとしている。

「耐性のあるハイブリッドやクローンを見つけ出すのは、大変だったわ。市場に売り出されているものも、もうたくさんあるのよ。問題は、そのハイブリッドたちがセイヨウハルニレの代わりに環境的な機能を果たせるかどうかよね。私には、まだ確信が持てないわ」とヨハンナは言う。そのハイブリッドは彼女曰く「小さくて四角い」ので、公園や庭に向いているという。

さらに、病原菌に対する抵抗力そのものが、問題になっているようにも思える。木の内側にも外側にも、無数のさまざまな菌がいる。私たち人間が、身体の内外に無数のバクテリアを持っているのと同じだ。それらの菌は、木の中で起こるさまざまなプロセスに役立ち、影響を与えている。ヨハンナの研究によれば、ニレ立枯病に対して抵抗力のあるニレの木では、そういった菌の種類が少ないという。

「自然の中に抵抗力の強い木を植えたらどうなるか、考えてみるべきだと思うわ。たとえばその木が枯れて分解される時、菌やバクテリアのはたらき方が違ってくるでしょう。そうなったら、そのせいで生態系にカスケード効果が起こるかもしれない」と彼女は言う。

スウェーデンの木を襲っているのは、ニレ立枯病だけではない。南スウェーデンでは今、一九九二年にポーランドで確認された病原菌のせいで、トネリコの木が枯れている。トネリコ立枯病にかかると、芽がしなびて死んでしまうのだ。まだ効果的な治療法は見つかっておらず、感染した木を救う手立てはない。またこの病気は、感染が広がるのも早い。スウェーデンでこの病気が初めて発見されたのは二〇〇一年のエーランド島でだが、二〇〇五年には既にトネリコの木が生えている地域すべてに菌が広がっていた。スウェーデン中のほとんどのトネリコがこの病気のせいで死んでしまうと思われても、仕方がない。

だがデンマークの研究者が、病気への抵抗力を持つほんのわずかのトネリコを見つけた。つまり種が生き残り、抵抗力がある木が広がっていくという希望があるということだ。それにはおそらく、人間の助けが必要だろう。まだ具体的なプランは何もないが、ヨーロッパの科学者の中には、見つかった抵抗力の強いトネリコを、新しい血統を作るために使えるのではないかと考えている人がいる。たとえばドイツとフランスの研究者たちが、残っているトネリコのサンプルを集めるべきだと勧告している。病気から生き延びたトネリコと、感染していないトネリコの両方をだ。

ウィリアムは、自分が使った方法がここでも使えるのではないかと考えている。トネリコとニレの両方の立枯病に強い遺伝子を、他の植物から見つけ出すのだ。

「トネリコ立枯病とニレ立枯病には僕のプロジェクトが絶対役立つと思うよ。ただ問題はヨーロッパの人たちに遺伝子組換えされた樹木を受け入れる心の準備があるかってことだね。よく知らないけど、アメリカよりそういうものに対する不安が大きいんじゃないかな」と彼は言う。

二〇〇九年、スウェーデン中のトネリコの四分の一が枯れたり、深刻な病気にかかったりした。それ以来、トネリコ立枯病はさらに強固な足がかりを得てしまった。トネリコが育つ湿気が多い森は、二重苦に悩まされている。同じ森に育つニレが、既にニレ立枯病に冒されているからだ。トネリコが消えれば、かなりの数の他の種も一緒に消えてしまうだろう。

「遺伝子操作は、種を極端に変化させることなく復活させられる、素晴らしい方法だと思うよ。ただ、木がすべてなくなってしまいそうにならないと使う気にならないってのが、限界なんだな。でもそれだと、ゼロからやり直して抵抗力のある木を作り、それから復活に取りかかることになる。病気の予防には、使えないよ」とウィリアムは言う。確かに、それでは普遍的解決法にはならない。

ヨハンナにいたっては、そもそもこれを信頼できる解決法と見ていない。

「この方法はのんびりしすぎだし、偶然に頼りすぎよ。遺伝子がなんでも解決してくれると思うのは、間違ってる。他の要因だってあるはずなのよ。この方法で十分だとも思わないし、得られる効果の割には費用がかかりすぎる。遺伝子工学の可能性が語られ始めた一九九〇年代からずっと植物学の仕事をしてる私の、個人的な意見だけどね」と彼女は言う。

彼女が言う最大の問題とは、遺伝子組換えの効果が出るにはあまりにも時間がかかり、それでは遅いということだ。病気が既に根付いてしまってからでは遅すぎる。

「問題の根本的な部分を見なきゃ。トネリコ立枯病に関しては、原因の一つは私たちがトネリコのクローンを使ってしまったってことでしょ。林業に都合よく、遺伝的に同じ材木をどこでも揃えられるようにするためにね。病気にとって、それは好条件なの。だから私は、まず木や森の利用法を変えるべきだと思ってる。まぁそうなると、森に期待される経済的利益も引き下げる必要があるけど。でも私は、遺伝的にもっと広い多様性を保つ努力をしなければいけないと思うわ」と彼女は言う。

そうなると、今のままでは病気による被害をただ受け入れなければいけないということになる。

「私たちは多分、森が姿を変えていくことを受け入れるべきなんでしょうね。森を変えてしまうような伝染病は他にもある。たとえばブナの木も、広がる病気のせいで消えつつあるかもしれないし」と彼女は言う。

彼女がスウェーデンのブナの森を脅かし始めている菌について話し始めたので、今度こそ私は本当に落ち着かなくなってきた。私はスウェーデン南端にあるスコーネ地方の北部育ちで、半生をブナの木に囲まれて過ごしてきたのだ。あの荘厳な森が大好きだ。金色になった秋の森も、地上のものとは思えないほど透き通ったライトグリーンの春の森も。私とヨハンナは、スコーネの中心都市であるルンド郊外の、スウェーデン農業科学大学の施設であるアルナルプ分校内にある、彼女の仕事部屋で会っていた。近くの公園は、ブナの木でいっぱいだ。

ブナを襲っている病気は、やはり菌によるものだ。地中で暮らしている菌で、一九世紀半ばにアイルランドで大飢饉の原因となったジャガイモ疫病菌の親戚だ。菌は地面の中で広がり、木の根を攻撃し、水や栄養分を吸い上げられないようにしてしまう。ここアルナルプの地面にも、既に菌はいるとヨハンナは言った。ブナは菌のせいで既に弱っており、梢の葉はまばらになっているのだと。

「隣街マルメのピルダム公園のブナがこの菌にやられていると私たちが気付いた時、多くの人たちが不安がって電話してきたわ。気味が悪いと思うのは、当然よね。少し調査しただけで、そこら中で菌が見つかった。たとえばセーデルオーセン国立公園なんか、菌だらけだったわよ。こんな被害を受けた森がどうなるのかは、まだわからない。プロセスはゆっくりだし、ひょっとしたらブナの木は、私たちが思っているより丈夫かもしれないから。でも最悪の場合、かなりひどいことになると思うわ」と彼女は言う。

「それでも私は、ここのブナには病気に耐えられるだけの遺伝的なバリエーションが十分にあって、電話してきた人たちが不安がってたみたいに全部枯れちゃうなんてことはないと期待してる。最悪なシナリオは、避けられるってね」とヨハンナは続けた。

研究者が最初に病気を発見してからもう六年が経つが、おそらく菌はもっと前からいたのだ。

「森林病理学や森林被害の話になると、私たちはいつも遅すぎるのよね。研究が始まるのは、既に被害が広がって、大きくなり始めてからなんだもの。森林被害に関しては原則的に、かかってから時間が経ってしまったらもう遅いの。病気を駆逐するのは、かなり難しい。私たちは病気に追いつけないし、あいつらをどうにかするのはかなり厄介だわね」と彼女は言う。

唯一の防御方法は、まず国内に病気が入ってこないようにすることだ。

「森林被害や木の病気についてだけ言うなら、在来種の樹木に耐性がないような新しい厄介ものが入ってきてしまう大きな原因は、国際的な植物貿易ね。植物貿易はやめるべきよ。この問題を解決したいなら、それしか方法はないわ」とヨハンナは言う。

誰だって、検査を受けたり、病気にかからないような方法で育てられた苗木にお金を払いたくはない。ものすごく高いからだ。だったら、個人にできるせめてものこととして苗木がどこから来たものなのかを尋ね、ドイツやオランダの大きな苗木農場からのものは避ければよい。皆がスウェーデンで育った植物だけを買えば、感染の広がりが少しは収まるだろうと、彼女は期待している。

「今みたいなことを続けていれば、私たちはもっともっとたくさんの厄介者や、よその国から来た侵略種たちを国内に入れることになる。だから私は、人々がもっと先を見て、経済的利益が少し減ったとしても、それを受け入れる心がまえをしてくれることを願ってる。ひょっとすると、幼稚な考えなのかもしれない。でも私は、そうなると信じたいの。今のシステムをこのまま機能させ続けていけば、あんまり希望はないわよ」と彼女は言う。

私は彼女に、スウェーデンの森は将来どのようになると思うか聞いてみた。

「かなり若返るんじゃないかな。そういう傾向が、いくつも見られるのよ。何より病気のせいで、本当に円熟した森はできない。私たちがこれまで見てきた、たとえば古くて大きいブナの森や樫の森は、育つ間もなく枯れてしまうようになるのよ」と彼女は言った。

第10章 アヒルのような外見をしてアヒルのように鳴くのであれば……それは本当にオーロックス？

第二次世界大戦末期、赤軍がベルリンに近付いた時、ヘルマン・ゲーリングはカリンハルの屋敷に行き、所有するウシたちがソ連軍の手に落ちないよう、自分で撃ち殺したと言われている。戦争で負けそうになると、優先順位が異常なほどおかしくなるものだ。おそらくゲーリングは、自分がアーリアンのためにベストを尽くしたと思い込んでいたのだろう。ここでは人間ではなく、アーリア牛種なのだが。つまり彼は、自分のウシをオーロックス（原牛）だと信じていたのだ。

約一万五〇〇〇年前、分厚い氷河が後退して溶け、最後の氷期が終わろうとしていた頃、広葉樹の森が広がり、ヨーロッパの大部分を覆い始めていた。あまり密ではないまるで公園のような森で、あちこちにたくさんの開けた地面があり、一部は草原になっていた。そこは、動物たちでいっぱいだった。たとえば南スウェーデンには小さなマンモスやギガンテウスオオツノシカ、ジャコウウシ、ノウマ、ヨーロッパバイソン、そして立派なオーロックスがいた。

スウェーデン人はたいていそうなのだが、私のオーロックスとの初めての出会いは、石器時代の家族のシリーズ絵本『ヘーデンヘース家の子どもたち』に出てくる可愛くて毛の長い雌牛のミューラだ。現実のオーロックスは、むしろけっこう怖い。ヨーロッパ各地でその大きさは異なっており、南スカンジナビアと北ドイツのオーロックスが最も大きかった。オスは地面から背中までの高さが一メートル八〇センチにもなり、重さは一・五トンにまでなる。メスは心持ち小さい。角は一メートルもあり、明るい色で暗色の斑点がついている。毛は短く、オスは焦げ茶色、メスは少し赤っぽい。

氷河が後退した時、人類がヨーロッパ中に広がった。いくつかの波はあったが、みんなせっせと狩りをした。マンモスとギガンテウスオオツノシカはすぐにいなくなり、バイソンとオーロックスが残った。数千年後、人間はまさにヘーデンヘース一家のように暮らし、現在のトルコ、パキスタンにあたるところでオーロックスを飼い慣らし始めた。おそらく北アフリカも含まれていただろう。人慣れしたオーロックスのうち二、三の系統が、世界中のウシの共通祖先となった。家畜化したウシは小さくておとなしくなり、生殖可能になるまでの期間が短く、若くして頻繁に子ウシを産むようになった。長い年月をかけた品種改良の結果、雌牛は育ちが早く、たくさんの牛乳を出すようになった。だがオオカミから身を守ったり寒い冬を生き延びたりすることに関しては、先祖に比べてかなり下手だ。

ヨーロッパの風景が大きな森から街や農地へと変わっていくにしたがい、残っていた野生のオーロックスたちは遠くの場所へと追いやられていった。一三世紀には、彼らはポーランド、モルドバ、トランシルヴァニア、リトアニアなどのヨーロッパ東部にしか残っていなかった。最も長く生き残ったのはポーランドである。一六世紀の国王が、オーロックスが冬を越せるよう、農民に干し草を外に出しておくことを求める御触れを出したからだ。貴族だけがオーロックス狩りができ、結局は王室だけが狩りの権利を持つようになった。密猟は死刑だ。ポーランドで一五六四年に行われた調査によると、その当時で既に三八頭しか残っていなかったらしい。オーロックスを救う試みがなされたにもかかわらず、彼らはあっという間に数を減らしていった。最後のオスが死んだのが一六二〇年頃で、その角は角笛になり、ポーランド国王ジグムント三世に贈られた。現在は、ストックホルムの王宮博物館にある。侵攻してきたスウェーデン陸軍が、魅力的な宝物として持って行ってしまったのだ。

本当に最後のオーロックスはメスで、一六二七年に死んだ。オーロックスは、絶滅が記録された最初の種になった。次に絶滅種が記録されるのは、四〇年足らず後の一六六二年、モーリシャスから消えたドードーである。オーロックスは絵に描かれたりたくさんの文献で言及されたりしてはいたが、動物としての記憶はほとんど消えかけていた。一八世紀の科学者が、オーロックスは当時まだポーランドの森で生き残っていたヨーロッパバイソンと同種なのではないかと議論をしたほどである。ひょっとして、オーロックスなんていなかったんじゃないかと。

ウィーセントとも呼ばれるヨーロッパバイソンは、ほとんどオーロックスと同じ運命を辿りかけていた。巨大なポーランドの森の中で、第一次世界大戦までは野生で生き残っていたのだが、大戦でドイツがポーランドに侵攻した際、森林地帯に配置されたドイツ兵が六〇〇頭以上

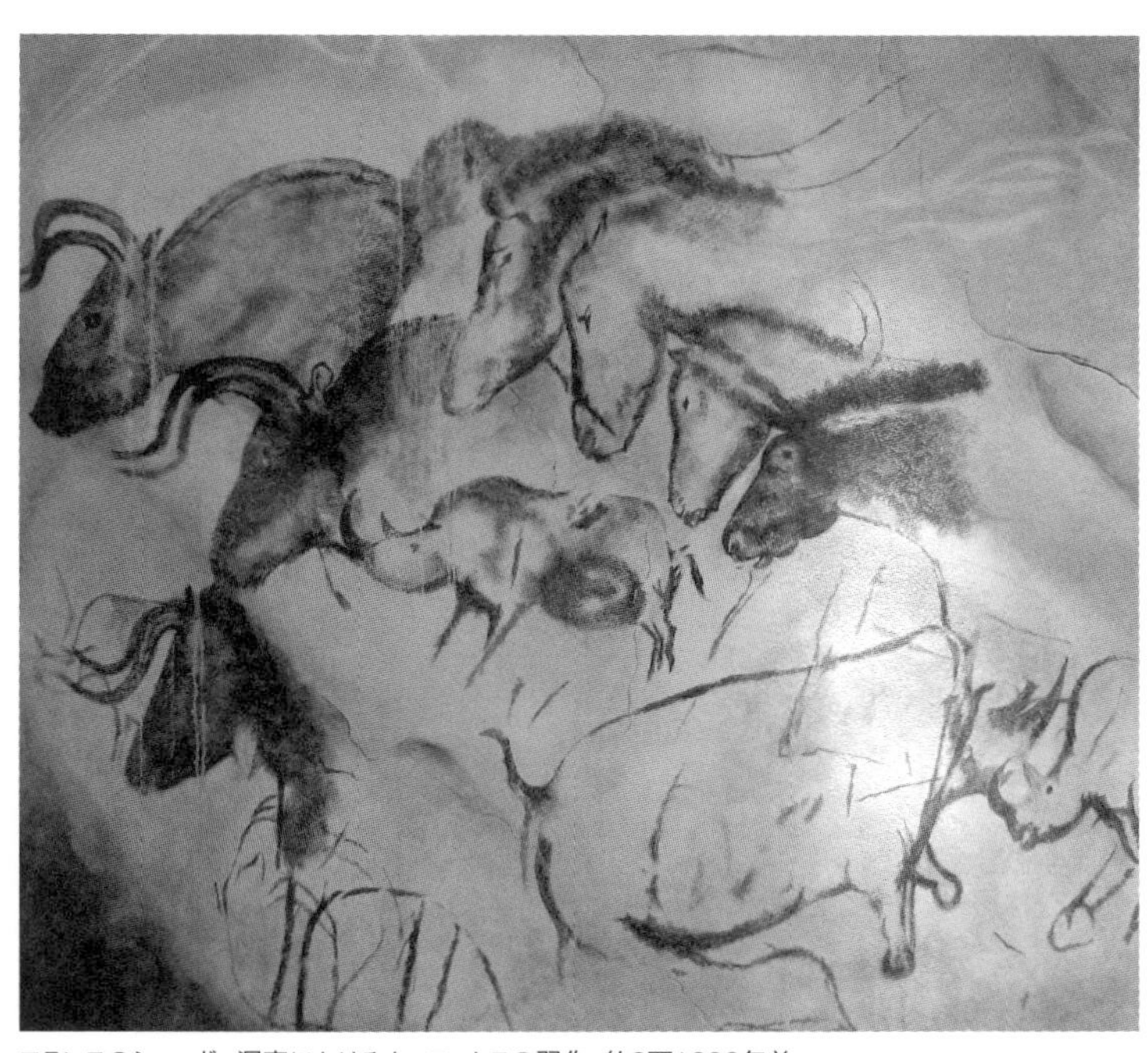

フランスのショーヴェ洞窟におけるオーロックスの習作。約3万1000年前

のウィーセントを撃ち殺したのである。最後の野生のウィーセントは、密猟によって一九二七年に撃ち殺された。世界中でウィーセントの生き残りは、動物園にいる約五〇頭だけになった。研究者が繁殖を手がけ、五〇頭の個体から種は蘇った。彼らは再びポーランドやその他二、三の国の森に放された。スウェーデンではアーベスタやエリックスベリなどに、柵に入れられた群れがいる。最後の野生ウィーセントが消えたのとほぼ同時期に、絶滅したオーロックスに対する関心が高まり始めた。

一九二〇年代の初め、ドイツ人のハインツ・ヘックとルッツ・ヘックの兄弟は、オーロックスについて夢を膨らませ始めた。古い絵画や、ヨーロッパの泥炭地から見つかったたくさんのオスの骨格に触発されたのだ。二人はドイツにあるそれぞれ別の動物園の園長であり、一緒に種を復活させようと決心した。

兄弟のやり方は論理的で単純だ。現存する雌牛と雄牛はすべてオーロックスの子孫なのだから、オーロックスの性質はウシのゲノムの中に残っているはずであり、それを拾い上げればいいというわけである。当時のヨーロッパでは、遺伝に関わるありとあらゆることへの関心が高かった。スウェーデンでも、一九二二年ウプサラに国立人種生物学研究所が開設された。遺伝子や遺伝学という専門用語は、まだかなり新しかった。メンデルによる遺伝の法則の発見は二〇世紀に入るまで広まらなかったし、DNA分子の構造が発見されたのは一九五三年である。科学への関心はあっても、現在に比べると遺伝学についての知識はまったく欠けている、そんな時代だったのだ。

兄弟二人はそれぞれ別の場所で、彼らが最もウシの原型に近く、そしてオーロックスの理型に似ていると思う品種をヨーロッパのさまざまなウシの中から選び出し、それをお互い掛け合わせることにした。目的は、さまざまな品種を特定する性質を排除することによって、純粋で原型に近いオーロックスを作ることである。一万年にわたる家畜化を洗い落とし、蒸留して純化しようというわけだ。彼らは、スコットランドの毛長のスコティッシュハイランドキャトルからスペインの闘牛ウシまで、たくさんのさまざまなウシを使用した。そして一九三四年、兄弟はそれぞれがオーロックスの血統を作り出すことに成功したと発表した。実験は熱烈に歓迎され、兄弟は誇らしげに自らの成果を見せた。資料によるとウシはそれぞれかなり違う外見だったらしいが、彼らはそれを大した問題だとは思っていなかったようである。

この頃ヒトラーが総統に選ばれ、そして予想通りナチス党は、誇り高く力強いヨーロッパの原種を繁殖によって蘇らせるという理想に取り付かれた。ルッツ・ヘックは第三帝国の森林庁の長に任命され、ナチスのオーロックスはプロパガンダに使われ始めた。特にヘルマン・ゲーリングはこのプロジェクトに強い関心を示し、ウシは現在のポーランドにあった彼の狩猟場や、スウェーデン人である妻の名を冠されたベルリン北部のカリンハルで飼育された。

戦況がドイツに背を向け始めた時、兄弟が作ったオーロックスもそのほとんどが死んだ。敵の手に落ちないよう意図的に殺されたものもあったろうし、混乱の中でただ死んでいったものもいただろう。ルッツ・ヘックが作った血統は完全にいなくなってしまったが、ハインツ・ヘックが作った個体のうち数頭は、動物園や自然保護地区で生き延びた。今日、世界中に約三〇〇〇頭の個体がおり、主に自然保護地区を歩き回っている。彼らが食べてくれるおかげで草が茂りすぎることがなく、見晴らしのよさが保てるからだ。彼らは我慢強く、自然の中で自分の力だけでかなりうまくやっている。ヘールにあるスコーネ動物園にも、小さな群れがいる。

だが一九五〇年代になると、ヘック兄弟のウシは本当にオーロックスなのかと疑われ始めた。研究者たちは、ドイツ人兄弟がやったのは種の蘇生ではなく、単に新しい品種を作り出しただけだという意見で一致した。その個体は小さすぎたし、毛皮の色も違っていた。角の形も、元々のオーロックスとは違っていた。だがそれは、オーロックスという夢が潰えてしまったという意味ではない。

「僕の目標は、ヨーロッパの大きな自然保護区で自由に生きる、オーロックスの群れだ」と、ウルーズ（古いゲルマン語でオーロックスの意）プロジェクトのリーダーであるヘンリー・ケルクディク＝オッテンは言う。基本的には、彼はヘック兄弟と同じことを試みようとしている。だが遺伝学についての現代の知識を活用した上で、ナチスのヨーロッパ優生理想とは無縁の、まともな結果を望んでいるのだ。

ヘンリーは歴史家である。オランダの田舎で育ち、子供の頃からウシが大好きだった。アフリカとその豊かな動物相にも、深い関心を持っている。サファリで見られるあらゆる動物のことや、それが風景を特徴付ける様子を、熱心に語ってくれた。アフリカのサバンナと同じくらい大きな動物たちでいっぱいのヨーロッパを作りたいと願った彼は、今そのピースを繋ぎ合わせようとしている。何よりもまず、新しいオーロックスを生み出すことによって。

「僕にとってそれは、失ったものを蘇らせることでもあり、環境プロセスを取り戻すことでもあるんだ。オーロックスは大きい動物だし、ヨーロッパの環境に大きな影響を与えることができる。ちょうどサバンナの環境に、ゾウが影響するみたいにね」と彼は言う。

絶滅種を蘇らせようという他のプロジェクトの多くと違うのは、ヘンリーは遺伝学的な分析をあまり気にしていないという点だ。新しいオーロックスがかつてとまったく同じ遺伝子を持っていなければならないとは、思っていないのである。

「問題は、ゲノムは好きなだけ分析できるけど、ゲノムのどの部分がどの特性をコントロールしてるかは、相変わらずよくわからないってことだ。『このウシの大きな角を作る遺伝子を取って、別のウシの頭に入れよう』って言えれば、最高なんだけどね。でも今は、どの遺伝子やゲノムのどの部分がそれをやってくれるのか、言えないんだよね」と彼は言う。

「僕らは、二一世紀のオーロックスを作りたいんだよ」と彼は続けた。

くそ真面目に受け取るには、そのスローガンはちょっと大袈裟に聞こえた。彼が言っているのは、重要なのは新しいオーロックスがちゃんと機能し、正しい外見と正しい特性を持っていることであって、いなくなってしまったオーロックスの正確なコピーである必要はないということなのだ。彼は、古いオーロックスの骨から取った遺伝子と、彼らが生み出したオーロックスのそれとを比較する計画があると話してくれたが、そこに重きを置いてはいないらしい。

一方、見た目はとても重要だ。このプロジェクトの資金繰りとして彼が考えているのが、若い雄牛の肉を有機の「野生」肉として売り出すことだからだ。そうなると、ウシの見た目が大きな意味を持ってくる。「お客さんは、自分が買ったのは本当にオーロックスだと思いたいだろうからね」とヘンリーは言う。彼は、通常の家畜と同じように小さな柵の中でウシたちを飼いながら品種改良をし、肉の販売を続けるつもりだ。そうなると、正しい性質を持ったウシたちがその遺伝子を未来に伝えていけるようにするために、たくさんの若い雄牛が殺されることになる。品種改良に関わることなく終わる個体も含めて。

私が「改良を実際どのように進めるつもりなんですか」と尋ねると、ヘンリーのスイッチが入り、たくさんのウシの品種とその特性、そして新しいオーロックスを作るために必要な要素を彼らが持っているかどうかを話し始めた。ヨーロッパは、さまざまなウシの品種で満ち満ちているようだ。彼は、みんな合わせれば新しいオーロックスを、十分に大きく、角は十分長く、正しい色と野生で生き延びられる行動をとるようにできる、四つの品種を選び出したと語った。

だがそれは、競馬みたいになっているところがある。新しいオーロックスという夢を描いているのは、ヘンリーだけではない。ウルーズプロジェクトが、彼にとって初めてのオーロックスプロジェクトというわけですらないのだ。ヨーロッパオーロックスを蘇らせようとしているプロジェクトはたくさんあり、まるで大きなジャングルを作っているかのようだ。ただ、方法の洗練具合には差がある。高度な遺伝子工学を使うのは、博物館にあるオーロックスの骨から取ったDNAを使ってオーロックスを復活させようとしている、ポーランドの研究者だけだ。ジョージ・チャーチのマンモス復活と同じ方法である。

ヘック兄弟の研究を発展させようとするプロジェクトも、いくつか始まっている。最初のものは、一九九六年以来ヘック牛を他の品種と掛け合わせ続けているドイツのタウロスプロジェクトである。ここで生まれたウシは、デンマークのリレ・ヴィルドモーセ国定公園や、ハンガリーの公園を歩き回っている。もう少し新しいオーレリンドプロジェクトは別の種を使おうとしている。

それから、オランダのタオルスプロジェクト。名前は似ているが、ドイツのプロジェクトとは何の関係もない。彼らはヘック兄弟とまったく同じことをやり、八つの品種を掛け合わせて新しいオーロックスを作り出そうとしている。最初の交配種が生まれ始め、ヨーロッパ中のいくつかの場所で、繁殖のための群れが作られている。二〇一八年一月には、ドイツでさまざまなプロジェクトの協力体制を作ろうという会議が開かれた。

ヘンリーも、はじめはタオルスプロジェクトに参加していた。だが彼はプロジェクトを去り、独自のプロジェクトを始めたのだ。タオルスプロジェクトは、あまりにも多くの品種を掛け合わせすぎていると思ったからだ。最後の一押しは、彼らが毛長のスコティッシュハイランドキャトルを掛け合わせ始めようとした時だったと、ヘンリーは語る。

「スコティッシュハイランドキャトルは、小さくてふわふわだ。オーロックスからはほど遠い。この手のプロジェクトには一番向かない品種だよ」と、彼は声を尖らせて言った。

ヘンリーが、ウシに関してはっきりした主義主張を持っていることは明らかだ。だから彼は、代わりにウルーズプロジェクトをスタートさせ、最小化の道を選んだ。四つに品種を絞ることで、あまりにもバラバラな遺伝的変異を避けられるのではないかと、彼は期待している。あまり多くの品種を混ぜ合わせすぎると、見た目は正しくても望ましくない遺伝子が残ってしまった個体が生まれるかもしれないのだと、彼は言う。その結果、絶えず間違った性質を持った子ウシが何頭か生まれ、いつまでたっても遺伝的に十分統一された種になれないのだ。

「もしこれがヘック牛だったら、子ウシがどんな見た目になるか決してわからない。遺伝子の種類が多すぎて、ゲノムが安定しないからね」と彼は言う。

ヘンリーは、私がこの本を書いている年の交尾の結果、正しい見た目の子ウシが生まれるのではないかと考えている。だが、それではまだ十分ではない。計画通りにいけば、品種改良に向けて二つの手順がある。まず正しい遺伝子と変異を集め、生まれてくるウシが、オーロックスが持っていたすべての性質を得ることができるようにしてやる。だが大きな問題は、いらない性質へと導いてしまう遺伝子を、全部取り除かなければならないことだ。他の試みが失敗したのもこれが原因だと、彼は考えている。

彼の新しいオーロックスは、ウシの仲間では世界最大であるイタリアの品種キアニーナを基礎にしている。立派なウシで、古代のオーロックスと同じくらい大きいが、ダークブラウンではなく、むしろミルクのように真っ白な美しい色をしている。角も小さい。角の形はアフリカのワツシから取りたいと、ヘンリーは思っている。ワツシは、レストランチェーンのテキサスロングホーンのロゴマークに似た、恐ろしく長い角を持っているのだ。彼が使いたいと考えているあと二つの品種は、イタリアのマレンマナと、スペインのサヤゲサである。

正しい見た目を持つ個体を生み出すことに成功したら、次のステップはその新しいオーロックスの群れを、たとえばスペインやルーマニアの国立公園に放ち、彼らが自分たちだけでやっていけるようにしてやることだ。時々一部を撃ち殺す必要がある。増えすぎないためと、オーロックスには見えない個体が、その遺伝子を繋げていかないようにするためだ。

私は抗議した。個体が正しい見た目をしているかどうかは重要だ。でも彼らが自分の力で野生の地を生き延びなければならないなら、正しい行動を身につけさせることこそが、一番重要なのではないかと。だがヘンリーは、それは思っているより小さな問題だとして、「野生に放てば勝手にそうなるよ」と言い張った。

「スコットランド沖にある島々に、乳牛の群れが放置された例があるんだ。極めて普通のウシだよ。一〇年後に人々が島に戻ってみたら、ウシたちは人間に近寄りもしなかったんだって。それこそ野生のウシみたいに攻撃してきたり、逃げちゃったり。そんな短い期間でも、そうなるんだよ」と彼は例を挙げた。

オオカミから身を守るために、ポルトガルのマロネサを掛け合わせに入れてもいいし、子ウシを守るために大人のウシがまわりを取り囲む品種もいる。

「僕たちは、見た目に関して完璧なコピーが欲しいけど、環境の中で機能する個体も欲しいんだ。だからたとえば南スペインの国立公園と協力して、そこへオーロックスや野生ウマの群れを放てるようにしてもらってる。ルーマニアでも二つの国立公園と協力してるし、ドイツにも二、三そういう場所があるよ」と彼は語る。オーロックスたちは半野生の状態から始め、比較的守られた環境で、他の大きな動物たちと一緒に暮らし方を学んでいくというわけだ。

「家畜に関しては、遺伝よりも環境だよ」と、彼は信念を持って言う。

彼が正しいかどうかは、議論の余地がある。だがひょっとしたらその答えの一つが、北イングランドの美しい城のそばにあるかもしれない。チリンガム城は今、イギリスで最も荒れた幽霊スポットとして話題になっている。一番有名な幽霊は、ふわふわ漂いながら光る「ブルーボーイ」と呼ばれる少年だ。だがその城には、復活した幽霊見物よりも面白いものがある。ウシだ。

中世初期以来、その城のまわりの広く柵に囲まれた地区では、ウシの大きな群れが自由に歩き回っている。最低でも三〇〇〇年の間、彼らはその中でだけ番(つが)ってきた。今は相当近親交配が進んでいるはずだが、よく起こるとされる遺伝上の問題は避けられているように見える。完全に野生化していて、他のウシとは違うさまざまな行動を身につけている。ひょっとしたら、これはヘンリーの仮説を後押しするものになるかもしれない。飼い慣らされたウシより社会的行動が多く、たとえばお互いによく鳴き交わしているのだ。群れのヒエラルキー構造も発達しており、二、三年の間、最も強い一頭の雄牛が群れを支配し、原則として生まれてくるすべての子ウシの父親となる。若い雄牛は群れから追い出され、隅っこで暮らしている。そのうちの一頭がいずれボスである大きな雄牛に挑戦し、取って代わるのだ。一方雌牛は、人間からも肉食動物からも襲われることはなく、自身も子ウシの身も守る必要がない。

ここにもまた、オーロックスに関して浮上してくるであろう大きな問題がある。ヘンリーが望むようにさまざまな自然国定公園に放たれるのであれば、特に問題だ。そこには人間や、多分肉食動物もいるだろうから。半野生のオーロックスは、まったく別の行動を発達させなければならない。彼らが人間に対して攻撃的になり始めたら、どうなるのだろう？　興味津々な観光客から子ウシたちを守るために、巨大な角を使ったら？　うっかり車道に飛び出してしまったら？

普通のウシでもかなり怖い私としては、森を散歩していて一メートル八〇センチもあるオーロックスに遭遇したらという想像について、あまり正直に語りたくはない。ヘック牛には、攻撃的すぎるという問題があった。ハインツ・ヘックが品種改良にスペインの闘牛ウシを使ったからだと言われている。ヘンリーの場合闘牛ウシは使っていないが、攻撃性というリスクについては彼も自覚している。彼らが生み出そうとしているオーロックスは、人間に対して寛容でなければならない。

「彼らをたとえばオランダやドイツに放つなら、かなり小さな自然保護地区になる。人々が、子供連れでそこへ入っていくだろう。子供がオーロックスに振り回されたなんてことになれば、プロジェクトも終わりだよ」と彼は言う。

「控えめな表現ですね」と私は言わざるを得ない。

「柵の中に入れておくためだけにオーロックスを改良するんじゃ、無意味だよ」と彼は言う。「目的はもちろん、元々のヨーロッパの自然を取り戻すことだ。動物でいっぱいだった氷期直後の森や草原と同じような自然をね。オーロックスは、そのために必要なんだ。彼らは草を食べて、まわりの環境を変えていくからね」

彼は、ベンがリョコウバトで達成しようとしているのと同じタイプの効果を求めているのだ。昔の動物の新しいバージョンを放ち、自然を揺さぶり直すことである。

ヘンリーは、トゥルーネイチャーファウンデーションという組織も運営している。今作ろうとしているオーロックスだけでなく、ウマや水牛も放つことで、ヨーロッパの自然を再野生化しようとしている組織だ。彼らの願いは、耕作放棄地となったヨーロッパの地域を、自然保護地区に作り替えることである。

ヘンリーが話す目的には、必ずオーロックスを放つことが含まれている。オーロックスをヨーロッパの自然の中で生きられるようにし、環境の野生化のために利用しようとしているのだ。

「一頭のオーロックスは、元の姿に近い自然を取り戻すための道具なんだ」と彼は言う。
もしそれがアヒルのような外見をしてアヒルのように歩き、そしてアヒルみたいに鳴いても、それはオーロックスなの？　私が取材した他の研究者と比べると、ヘンリーはより実践的であり、同時により夢想家でもあるように思える。彼はウシを愛していて、失われた自然にはっきりとノスタルジーを感じている。だがオーロックスの話になると、彼は道具などという言葉も使うのだ。「目的は機能するものを作ることであって、動物園で見せる展示物を作ることじゃない」と。

生物学者が品種改良によって復活させようとしているのは、オーロックスだけではない。二〇一五年には、南アフリカからクアッガを蘇らせることに成功したという知らせが来た。シマウマの親戚で、身体の前半分だけに縞模様がある。名前は鳴き声から来ている。最後の個体は、人間のせいで一八八〇年代に死んだ。

彼らを復活させる試みは、一九八七年にラインホルト・ラウによって始められた。彼は普通のシマウマを品種改良し、よりクアッガに似せようとしたのだ。それから三〇年ほど経った今、クアッガのような見た目の小さな群れが、ケープタウン近くを走り回っている。プロジェクトを率いたのはエリック・ハーリーだ。ＣＮＮの記者に、彼は言った。「もし僕らがこの動物を復活させられるなら、少なくともその見た目を復活させられるなら、我々人間は過ちを修正できたと言えるんじゃないかな」。ここでも、新しいクアッガを遅かれ早かれ野生に放とうという考えがある。

このプロジェクト自体には、私は特に興味はない。動物を特定の外見に似せて品種改良するなんて、目新しいニュースではないからだ。問題は、クアッガとオーロックスにどれだけの違いがあるかということだ。ひょっとするとヘンリーは、ヘック兄弟が作ったものよりもよりオリジナルに似た、新しいオーロックスを作り出せるかもしれない。そして少なくとも一部の自然保護地区に、それらが放たれるかもしれない。そのような協定や協力関係は、すでに準備されているのだ。

この章は、書くのが難しかった。ヘルマン・ゲーリングに始まり、続いて品種改良とオリジナルについて語るのだから。人間ではなくウシの話なのに、とてもややこしかった。だが結局は、新しいオーロックスで人々が納得するかどうかである。五〇年後の私たちは、それをエキセントリックな研究者の素晴らしい成果として、もしくは種の復活のための実践的方法として、ヘック牛同様に見られるようになるだろうか？　残る問題は、そこなのだ。

第11章
野生化するヨーロッパ

南スウェーデンのヘール郊外にあるスコーネ動物園で大型の雄牛と雌牛が歩き回っている光景は、とても印象的だ。春の光の中で輝く黒い巻き毛の毛皮に、曲がった厚みのある角。力強く筋肉質の肩と肩甲骨の間の盛り上がりとで、身体はほとんど長方形だ。つまりこれが、二〇世紀初頭にヘック兄弟が行った実験の結果なのである。実は私はウシが怖いのだが、大きな目と額にかかる巻き毛を持つこのウシたちは、とてもチャーミングに見える。ただし原種が生まれた経緯のせいで、この品種に対しては反発もあるのだが。

「みんながこのウシたち自身をナチスだって思っているかどうか知らないんだけど、そうなのかい？　今のところ『ハイル・ヒトラー』と鳴いてはいないようだけど」。デンマークの生物学者ウッフェ・ゲール・セレンセンは、嫌味っぽく冗談を言った。

ウッフェは以前、北デンマークにあるリレ・ビルドモースという自然保護区でコンサルタントをしていた。二〇〇三年以来ここでは、「野生ウシ」と呼ばれる動物の群れが、柵に囲まれた地区内を半野生状態でうろついている。好きなように暮らさせているので、すでに野生動物のように行動し始めているのだと、ウッフェが教えてくれた。もはやこのプロジェクトに関与はしていないのだけれど、最近そのウシたちがうろつく大きな囲いを訪ねたのだそうだ。

「中へ入って、一本の樹の側に立ったんだ。ウシの群れは、森の端へと下ってきた。僕の方へ向かってね。一匹の雌牛が先頭になってたんだが、五〇メートルぐらいのところまで来て、匂いで僕に気づいたんだな。そこで彼女は突然止まり、僕を見つめた。どのウシも同じように止まった。一頭も近づいて来ようとはしない。違う角度から写真を撮ろうと思って少し脇の方から近づこうとしたら、群れはいっせいに向きを変えて行ってしまった。彼らはとても用心深く、僕を近づかせたくなかったんだね。ウシたちが本能に従った自然な行動をとるようになったのを見るのは、感動的だったよ」

この小さな群れは、前章で触れたドイツのタウロスプロジェクトに属している。彼らはヘック兄弟の研究を受け継ぎ、ヘック牛と別の品種とを掛け合わせて、オーロックスの原種にさらに近いものを作ろうとしているのだ。こうして生まれたウシを保護区に放ってから二年、自然環境への影響が見えているとウッフェは言う。

「ウシが放たれた場所は、以前は植物が生えすぎていたんだけど、ウシを入れたらとても開けた土地になったんだ。歩いてみると、比較的湿った場所と乾いた部分がモザイク状になり始めているのがわかる。湿気の多いところには、水鳥たちやタゲリなどが集まっている。きれいなチョウもたくさんいるよ。こんなふうに突然風景にいろいろなバリエーションが生まれたことが、よかったんだろうね」

　ウッフェは、ヘック牛や他の草食動物たちが、石器時代に南スカンジナビアで繁栄していた広葉樹林を取り戻す手助けをしてくれることを期待している。かつての森は、林業で働く専門業者たちがよしとする、密生した森ではなかった。むしろその構造は、さまざまなバリエーションに富んでいた。湿地や牧草地と混ざり合った公園のように開かれた森もあれば、むしろステップのような森も、他より密な森もあった。河川は常に変化し続け、扇のように広がって湿地に流れ込んだり、細くなって水路に流れていったりした。当時の自然環境が正確にはどのようであったかは、まだ研究者の間でも議論されているところだが、広葉樹の森が広がり、大型の草食動物がいただろうという点では、皆の考えが一致している。

　ウッフェはまさにそのような自然、このモザイク状の風景こそ、私たちが取り戻さなければならないものだと考えている。いろいろな年齢の樹木と開けた草原、水路は絶えず流れを変え続け、ある時は湿地を作り、ある時は新しい道路に沿って流れていく。

「この多様さこそ、僕らが失ってしまったものなんだ。あまりに完全に消えてしまったんで、失ったってことを自覚できる人さえ少ないくらいだけどね。僕らは本来の自然からあまりに遠く離れてしまったので、本当の自然とは何かを理解することさえ難しくなっている」

　ウッフェによれば、オーロックスやヨーロッパバイソンのような大型草食動物が、このような風景づくりにとても重要な役割を果たしていたらしい。つまり私たちがこの風景を取り戻したいなら、彼らは絶対に不可欠な存在なのだ。

「風景の多様性を作った大型草食動物たちは、突然いなくなってしまった。彼らを再び連れて来られさえすれば、僕らは驚くほどダイナミックで素晴らしい自然を取り戻せるはずだ。大型草食動物について講義する時、僕はいつも『一緒にいると大変だけど、いないと何もできない』というタイトルをつけるんだ。これはあるデンマークの詩人が、女性について書いた詩の一節さ。でも僕は、それを草食動物に使うんだよ」と彼は言う。

「『一緒にいると大変』は、大型草食動物と協力し合うのは骨が折れるって意味だよ」と彼は言う。彼らは大きくて重いので、たとえばそんな動物を車で轢いてしまったらなんて、考えただけでも恐ろしい。自然環境に対しても、共に暮らすことになるだろう人間にも、多くを要求する存在なのである。だからやはり、彼らは自然保護区に置いておく方がいいんだと、ウッフェは言う。

「動物たちを閉じ込めるってわけじゃない。彼らがやりたいようにやれる自由を、与えられればいいのさ。それが限られた地域だってことは、どうでもいいんだ」

私は彼に同意するしかなかった。このような動物を無制限に放とうと声高に言う人は、確かにいる。ヨーロッパには、本物の野生動物がもっと必要だと考える人たちが。でも私には、ヨーロッパにそのための準備ができているとは思えない。ただ半野生の草食動物が、現在芸術的なまでに植物が茂りすぎている国中の草原を、救ってくれるかもしれないとは思う。

大事なのは、これらの動物を草が茂りすぎの森に放てば、自然環境が変わるという点である。重要なのはあくまでも変化であり、一見状況が悪くなったように見える時期も、私たちは乗り越えなければならないと、ウッフェは説明してくれた。デンマークやスウェーデンで現在行われている自然保護活動は、なんだか切手コレクションみたいになっていると彼は考えている。毎年毎年、すべてがまったく同じに保たれるべきだというやり方だ。

「珍しいランが生えている場所を想像してごらん」と彼は言う。あなたがある夏そこを訪れて一七一個の花が咲いていたとしたら、次の年も同じ数の花があるに違いないと思うだろう。でもあなたが、ランが咲いている草原に草食動物を放したら、翌年ランは、一〇本しか残っていないかもしれない。いやもしかしたら、一本も残っていないかもしれない。本当に困ったことに思える。だがみんなは、ランにはそんな状況の中でも生き延びられるだけの力がちゃんと備わってるってことを、忘れているのだ。二、三年後にまた来れば、最初の時よりもたくさんのランが咲いているだろう。ひょっとしたら、以前に見られなかった珍しい植物も生えてきているかもしれない。

「長い目で見なくちゃいけないんだ。数年というタイムスパンで見れば、ダイナミックな安定性というものが見えてくる。変化が常にさまざまな方向へ向かって起きるからこそ機能し、常に形を変えて風景の中にモザイク模様を作る、そんな安定性だ」と彼は言う。

毎年一七一個の花が咲かなければならないというランの話は、自然保護に携わる人々が抱える不安感を表している。これまであまりにもたくさんのものが消え、状況がどんどん悪くなるのを見てきたので、彼らの心配は当然だとウッフェは考えている。

「ランを数えるのが大好きだという人たちがいたから、現在デンマークにはこれだけの自然が残されているのさ。大事だと思うもののために闘うという原則は、無敵だよ。彼らの仕事のおかげで、今も保護するべきものが残っている。だが僕らは今、状況をもう一段高いところへ引き上げようとしなければならない局面に来ている。僕らが守るべき自然環境とはどのようなものか、考え始めなきゃいけないんだ」

ヨーロッパの森の再生には、長い時間がかかるだろう。だから草食動物を上手に利用する必要があるのだと、彼は説く。たとえば木が一本もないところへ草食動物を放てば、新芽をみんな食べられてしまうので、木が育つ可能性はない。一方、成熟した木ばかりが生えているところへ放っても、効果はほとんどない。草食動物は（彼に言わせれば）木に登って葉っぱを食べることはできないからだ。だからそういう森は、ほとんど変わらない。

「同じ地域に異なるタイプの草食動物を放つという実験ができたら、とても面白いだろうね。それぞれの種が、自然環境に違った影響を与えるから。それが、より多様な自然への足がかりになる。しばらくすると、花や鳥や昆虫の様子を通して、どうやら何かが突然起こってるらしいぞと、みんなが気付くことになるんだ」

数種の生き物を放って自然環境をより野生に近い本来の形に作り替えることで、生態系を再生できるという考え方は、この一〇年ほどでかなり一般的になった。この運動は「再野生化」と呼ばれ、それを進めようとするプロジェクトは世界中で山のように存在する。たとえばハワイの自然保護区では、乱獲によって絶滅してしまった大型のガンの代わりに、草食のカメが放たれた。目的は、カメがガンと同じように外来種の植物を食べるという性質を生かし、在来種にとってよりよい環境を作ることである。ただしこの実験の成果は、今のところはっきり出ていない。

スウェーデンでは、一度絶滅したけれどまた戻ってきて、自然環境に大きな影響を与えている動物の例として、ビーバーとイノシシがあげられる。一九二〇年代にノルウェーから移植されたビーバーは、今では十分に数を増やし、川でダムを作ったり木を倒したりしている。一八世紀にスウェーデンで絶滅したイノシシは、一九八〇年代に囲いから逃げ出すという形で戻ってきた。それらが急速に繁殖し、今私がこれを書いているスモーランド地方の森では、イノシシがその鼻や蹄で地面を掘り回り、エサを探し回った跡がよく見られる。彼らは確実に、再び自然に影響を与え始めた種であり、研究によれば、彼らが地面を掘り返してくれることが、絶滅危惧植物たちのためになっているらしい。だが同時に、毎年数千頭ものイノシシが交通事故を引き起こしているし、鋭い牙を持った力のある生き物がいると思うと、怖くて森を歩けないという人も出てきている。

リワイルディングヨーロッパ協会（ヨーロッパ再野生化協会）の主な目的は、まずは南欧と東欧の耕作放棄地を、ウマやバイソン、シカなどの力を借りて野生化することだ。現在五ヶ所で、再野生化プロジェクトが始まっている。協会は、野生の自然環境がいかに観光客を惹きつけるかを指摘し、たとえばスペインやクロアチア、カルタゴの山々などにある過疎地の収入源になると言っている。そんなふうに作り替えられるような土地が、ヨーロッパには数多くあるという推定が、楽観的に過ぎるという批判はある。しかしそれが誇張だとしても、ヨーロッパの農地は明らかに減少しつつあり、主にフランスで森が戻りつつあるのは事実なのだ。協会によれば、ヨーロッパで野生の自然環境を作り替えるチャンスは、今だというわけだ。

二〇一四年五月、協会はルーマニアのカルパチア山脈に、一七頭のヨーロッパバイソンを放した。目的は、バイソンを完全に野生化し、人間から餌をもらったり管理されたりしなくてもいいようにすることだ。協会は、バイソンが一〇年間で五〇〇頭まで増えることを期待している。放たれたバイソンのうちの何頭かは、スウェーデンのコールモーデンやアーベスタから来たものだ。またこのプロジェクトには、スウェーデンの郵便番号宝くじも出資している。最初の一年間、バイソンは囲いに入れられていたのだが、二〇一五年六月に門が開けられ、今では完全に自由に歩き回っている。協会の数あるオーロックスプロジェクトの一つであるタウロスプロジェクトでも、クロアチアで一群のオーロックスをウマと一緒に囲いの中に入れ、それが自然に影響を与えられるようにしている。

再野生化実験の中には、かなりヘンテコなものもある。アメリカの研究者たちは、一万年前に国内で絶滅してしまった大型動物の代わりに、アフリカからゾウとラクダを連れてくる可能性を議論している。絶滅動物の近縁種はもういないので、元の自然を取り戻すためにはまったく違う外来種を輸入するしかないと、彼らは訴えているのだ。デンマークでは、サーカスのゾウを何頭か、数日の間だけ囲いのある自然公園に放ち、環境にどのような影響が出るかを調べた。かつてデンマークとスウェーデンにいた、森のマンモスの代わりにならないかというわけである。

再野生化が果たしてよいアイディアなのか、そもそもそんなことができるのかというのは、世界中の生物学者の間でよく議論されている。批判の一つは、これらのプロジェクトは以前とはまったく異なる新しい環境を作っているだけであって、かつてあったものを再生しているのではないというものである。確かに、数あるさまざまなプロジェクトがどの時代を再生しようとしているのか、はっきりとした合意があるわけではない。もう一つの批判は、もっと一般的なものだ。人間がある地域に動物を持ち込み、何が起きるかを予測しようとすると、たいていの場合ろくなことにならないというものだ。たとえば再生されたオーロックスは本当に自然に影響を与えるのかなど、再野生化に携わる人々がやりたがっていることは、反対派の人たちからしてみれば「やるべきではない」と言うための恰好の材料なのだ。この手の影響は、予測するのが難しいからである。

だが、ヨーロッパ本来の自然を復活させようとし、結論を出せるほど十分長期間続いたプロジェクトの例はある。

何千もの動物が、川の流れる草原を歩き回っている。ウマの群れが草を食み、若い牡馬たちが時々後ろ脚で立ち上がってケンカしたりしている。雄牛と雌牛が子ウシと一緒に小さいグループを作って反芻を続け、脚の長いシカが木々のまわりに集まっている。川岸では水鳥が昆虫をついばみ、空にはオジロワシのシルエットが見える。

ここにはたくさんの動物たちがいて、まるでアフリカにいるみたいだ。でもここはオランダの中央部、海を埋め立てた自然保護区、オーストファールテルスプラッセンである。誰に尋ねても、「ここは再野生化の素晴らしい例だね」と言う。もっともそれは、不要な苦しみをたくさん生み出した実験でもあったのだが。

最初からやり直そう。私たちがいるのは、オランダの一地方であるフレヴォラント州。ここ千年ほどの間、ここのほとんどは海面下にあったのだが、一九三〇年代に堤防による干拓事業が始まり、一九五六年から六〇年代に水が抜けた。今では、ヨーロッパで最も肥沃な農地の一つである。一九六〇年代の終わりには五六平方キロメートルの地域が自然保護区になり、ユニークな実験が始まった。ヨーロッパ初期石器時代のような自然環境を作ろうという試みだ。もともと陸生生物の歴史がまったくない場所に、である。

オーロックスはいないので、ポーランドからヘック牛とコニックウマを連れてきた。イギリスからは、アカシカが連れてこられた。動物たちはここが気に入ったようで、急速に増えた。今やこの地域は、一大観光地だ。湿地はバードウォッチャーに大人気だし、人々はジープに乗って、動物たちの大きな群れを見物できる。オジロワシは、自分でオランダにやってきた。彼らは、ここ数百年の間にオランダで卵を孵（かえ）した最初のカップルとなったのである。ここは「自己再野生化」する環境づくりに成功した、よい例だと言われている。

最初は二〇頭のウマと六〇頭足らずのシカしかいなかったが、今ではそれぞれ一〇〇〇頭を超えている。ヘック牛ではそこまでうまくいかず、元々三二頭だったものが今では三五〇頭である。ひょっとするとウシは冬に餌を探すのがあまり上手ではないので、ウマとの競争に負けたのかもしれない。この地域の大きな問題がはっきりするのも、冬なのだ。

ここでの考え方は常に、自然も動物も自分の力でやっていかなければいけない、人間は関わらないというものである。問題は、ここには捕食動物がいないということだ。おかげで草食動物は、あっという間にかなりの数まで増える。彼らは公園を埋め尽くし、夏に子育てをする。だが冬から早春にかけては、餌不足で飢えに苦しむことになる。やつれたシカが、浅瀬を渡る力もなく溺れているなどというおぞましい光景も見られる。何百という死体が草の中に横たわり、腐肉食動物に食べられるのを待っているのだ。

この状況に、市民から毎年一定数の動物を撃ち殺すべきだという抗議が起きた。彼らが餓死寸前になる真冬ではなく、そんなことが起きないようにするために秋にやってほしいとの要請である。

この公園の設立者の一人であり、経営に影響力を持っている生物学者のフランス・ヴェラは、人間が動物を撃ちに公園へ入っていくことに強く反対した。彼はいくつものインタビューの中で、成長と餓死というサイクルは、自然のプロセスとして見るべきだと語った。彼は、人間の道徳を動物にあてはめてはいけないと考えている。また彼は、ドイツからポーランドにかけて広がりつつあるオオカミが、遅かれ早かれ捕食者としてこの地域にやってくるだろうとも考えている。今のところ公園にオオカミはいないが、近くでは目撃されているのである。

公園には五〇〇〇頭を超える動物がおり、次に厳しい冬が来たら、そのうちの二〇〇〇頭が死ぬだろうという推測もある。ここ数年間で、当局は生き残れそうもない動物は撃ち殺そうという決定をした。今までのやり方に反対してきた人たちは、もしそれが遅れれば、多くの動物が不必要に苦しむことになると言っている。他の選択肢として、避妊薬を動物たちに注射して出産率を低下させ、長期的に数を抑える方法も検討されている。

私がこれを執筆している間にも、オランダでは将来オーストファールテルスプラッセンをどのように管理していくか、動物とその福祉に結局誰が責任を持つのかという議論が、白熱している。この問題を扱っているオランダの新聞記事をあれこれ読んだが、はっきりしているのは、この問題にはさまざまな思惑が混じってしまっているということだ。各政党が、公園についてかなり異なる構想を持っている。今のところ、何が起こるかはっきりとはわからない。だが、管理体制が劇的に変わりそうな気はしている。

「僕たち人間が中に入って、捕食者の役割をしなければいけない。それが義務なんだ。このプロジェクトは長い目で見ると、持続可能じゃない」とウッフェは言う。彼は、自然保護区の動物は間引きするべきだと考えている。そして人間は、自然界の捕食動物と同じように、撃ち殺す動物を選ばなければならない。年寄りか、それともまだ若い個体を殺すべきか？　自然保護区の入園者たちにとっては、とんでもないことだろうが。誰だって遊び盛りの子ウシや、嬉しそうに跳ね回るシカの子供が撃たれるのを見たくはない。でもウッフェによれば、捕食動物がやっているのは大体そういうことなのだ。

私が取材した人たちは皆、「大型草食動物を狩る強い捕食動物を入れるのが一番いいけれど、それはやっぱり難しいね」と言う。

人間の狩人よりも捕食動物の方がいい理由は、ただ獲物の数を減らすというだけでなく、彼らはさまざまな方法で環境を変えられるということだ。アメリカのイエローストーン国立公園では、オオカミが川の流れすら変えたらしい。イエローストーンのオオカミは、二〇世紀初頭に狩猟によって絶滅したのだが、二〇年ほど前、生物学者がカナダのオオカミの小さなグループを公園内に放ったのである。

イエローストーンの大きなシカ、ワピチは、直接オオカミの影響を受けた。ワピチは数を減らしただけでなく、とても慎重になり、あまり開けた場所には出てこなくなった。その結果、ワピチはある特定の場所でだけ草を食べるようになり、他の場所では彼らの影響があまりなくなったのである。おかげで小さな芽や苗木は、食べられることなく藪や木にまで成長した。木々の根が土に影響を与え、植生によって公園の中の川の一つが確かに流れを変えたのだ。風景は多様化し、小さな鳥や齧歯類が増え、おかげで猛禽類やキツネなども恩恵を受けることになったのである。

イエローストーンのオオカミは、捕食動物がいかに重要か、そして自然界でパズルのピースがすべて揃うと何が起きるかの好例として、よく引き合いに出される。だが一方で、自然界で起きる複雑な相互作用を、あまりにも単純に語りすぎているという批判もある。これらの変化のうちいくつが本当にオオカミのおかげなのかも、疑問視されている。

スウェーデンでのオオカミに関する議論を知っている人なら、捕食動物の存在が問題ないわけがないとわかるだろう。研究者たちが導入したか勝手に帰ってきたかのいずれにせよ、捕食動物が再登場した場所では、原則的にどこでも似たような議論が起きている。オオカミが自然環境によい影響を与えたはずのイエローストーンも、例外ではない。人間は、たとえ囲いに入っていたとしても、捕食動物にはあまり近くに来てほしくないのだ。

捕食動物は、現在進行中の再野生化プロジェクトのすべてが抱えている問題である。住民の同意を得るのが難しいというだけではない。人間に慣れすぎ、その行動を人間に合わせるようにならないように捕食動物を育て、放つのはとても難しいのである。

それでも今のヨーロッパには、ここ数年で一番多くの捕食動物がいる。ドイツには、立派なオオカミの集団がいる。デンマーク最後のオオカミが撃ち殺されてからちょうど三〇〇年経ったある日、一匹のオオカミがドイツからデンマークにふらふら迷い込んできた。今ではデンマーク中に四〇頭はおり、最近の報告では少なくとも二組のカップルが子供を産んだらしい。ウッフェは「今のデンマークのオオカミの集団は、スウェーデンのオオカミより遺伝的に強くて多様性に富んでるよ」と言って私をからかった。

ヘック牛だのヨーロッパバイソンだの再生したオーロックスだのがヨーロッパに放たれるかどうかはともかく、この大陸はあと数年でもっと野生化するだろう。ここ数十年間、農地が小さくなるにつれてヨーロッパの森は広がった。それはスウェーデンの森のような林業のために管理された森ではなく、勝手に育ったいわば新しい野生の森なのだ。

野生化したヨーロッパは、おそらく現実になる。だがそれが、問題なしとされるはずはないのだ。

第12章

「ほとんどの人は正気の沙汰ではないと言うだろう」

水がだんだん浅くなってきたので、ニキータ・ジモフのボートの操り方は注意深くなっていった。私たちは、シベリアのチェルスキーにある研究センターの周囲に迷路のように広く浅く広がった水の上を、モーターボートで数時間も走っていたのである。突然ボートが止まり、ニキータは外へと飛び出してボートを引っ張り始めた。砂洲に入ったので、ボートから降ろしてくれるんだなと思った。これまでにも数回そんな体験をしたからだ。しかし彼は、ボートを引っ張りながら歩き続け、しばらくして私も外へ出るようにと言った。ニキータは私がはいているブーツと、私の低い身長を見て言った。「カメラとリュックは預かっておいた方がいいかな」。確かに、そうした方がよさそうだ。私はゆっくりと舟べりをまたぎ、まずブーツを外へ出した。「飛び降りちゃだめだよ」とニキータが言った。砂か砂利の地面かなと思っていたのだが、ブーツの下には泥しかなく、足元がおぼつかない感じだった。川の水が、ブーツの中に流れ込んでくる。ズックをはいているニキータは、濡れた足を気にも留めていない。浅い川の水の下の、底なしのぬかるみとしか感じられないところを通って岸まで歩いていくのを、ニキータが助けてくれた。

遠くからの岸は、とても魅力的に見えた。薄緑の揺れる草で覆われた夏の牧場のようで、気軽にそこを走れそうだった。だが実は高さ一メートル近い草のかたまりで、枯草や根が重なったそのてっぺんに、深緑の草が生えているだけだった。どのかたまりも、直径が三〇センチほどだ。不安定でゆらゆらしており、しかも鶏のもも肉のように上が分厚く下が細いので、その上に乗るのは無理だった。かなり離れて点在しているので全体で支えられず、むしろ体重をかけようとすると倒れてしまう。かたまりの間はぬかるみで、深さ一〇センチ程度の時もあるが、しょっちゅうブーツごと足が沈み、焦茶色の泥が爪先まで入り込んできた。明るい緑色の草のかたまりが手に負えない髪の毛のように邪魔をして、どこを歩いているのかわからなくなってくる。私は何度もその草のかたまりのへりを踏んでしまい、そのたびに足元のそれがたわんで滑りそうになった。その歩き方は酔っ払いみたいだったに違いない。真っ直ぐ歩けず、ふらふらしていたのだから。

ブーツは水浸しになり、私は何度も転んでふわふわしたかたまりに手をついた。ニキータははるか前の方を大またで歩いている。彼は、まったく苦労しているように見えない。一方、私はと言えば、汗だくでハアハア言いながらぐらぐら揺れて、つまずきながら進んでいるのだ。攻撃してくる蚊を払おうとすることさえ考えなかった。

草むらの間の水は徐々に浅くなり、泥もシロップというより濃いおかゆのようになってきて、歩くのがほんの少しだけ楽になった。このあたりの草には食べられた跡が見られ、遠くに明らかにバイソンとわかる動物がシルエットのように見えた。たった一頭だ。このあたりの地面がようやく牧場らしくなりはじめたのは、このバイソンやジャコウウシ、ウマの小さな群れのおかげだ。これで地面ばかり見ず、立ち上がって周囲を見渡せるようになった。

ここへ来るまでの間に私たちが通り過ぎてきた岸はすべて、ほとんど見通せないほど厚いサルヤナギなどの茂みで覆われていた。少し乾いているところは、藪ではなくカラマツの森になっている。ここだけが、湿地ではなく開けた草原になっているのだ。この僻地でセルゲイとニキータが実行した、壮大な実験の結果である。彼らはここを「洪積世公園（Pleistocene Park）」と呼んでいる。太古の自然を復活させたもう一つの公園に対する、明らかな「よろしく」のメッセージだ。

洪積世は二五〇〇万年前に始まった地質時代であり、私たちが暮らす現代の沖積世に変わった一万一〇〇〇年以上前まで続いた。公園の名前は、主に洪積世の終わりに因んでいる。その頃スカンジナビアはまだ分厚い氷河に覆われていたが、シベリアは植物が生えたステップであり、マンモス、毛がふさふさのキタシロサイ、バイソン、ロバ、ウマ、オオカミなどが暮らしていた。乾燥して風が強く、埃っぽかったが、草が豊富に生えて、アフリカのサバンナと同じくらいの数の動物たちが暮らせる場所だったのである。

人類がやって来ると、開けた風景は消え、動物たちの多くもいなくなった。実際に何が起きたのかは、今もわからない。気候が変わり、氷期が終わったことは確かだ。しかしここのステップは、それ以前にも大きな気候変動を生き延びており、その時にはマンモスも他の動物たちも絶滅することはなかった。シベリアをいのち溢れるステップではなく、わずかな種しか見られない森にしてしまったのが人間なのかどうか、科学者の間で激しい議論が闘わされている。ニキータとセルゲイは、人間のせいだと確信している。

彼らの仮説は、生態系のバランスを壊してしまうほど、多くの狩人がいたというものだ。草地にはそれを食べる動物が必要であり、そうでなければ下生えや藪が増えすぎてしまう。狩りのせいで草食動物の数が減ると、下生えや藪が増えすぎ、残っている動物の食べる草が減ってしまう。残っていた数少ないステップでも、そこの方が獲物を見つけやすいと知った人間のせいで同じことが繰り返され、森と藪のある今日の風景ができ上ったのだ。いずれにしろ、セルゲイはそう解釈している。今日、森にはほんの少しのヘラジカが暮らし、その他にはどこにでもいるようなシマリスしか見られない。

前の晩に私は、ニキータの父であり研究センター長であるセルゲイに、大きな動物はなぜ戻ってこなかったのかと聞いてみた。シベリアには人間はほとんど暮らしていないのだし、マンモスやシロサイがいなくとも、草食のトナカイやウマが、この風景を草の生えたステップに変えられるのではないかと思ったのだ。シベリアの人口はとても少ないけれど、それでも動物たちに戻るチャンスを与えない程度のハンターはいつもいるのだと、セルゲイは言った。動物相が回復すると、それまでよりも狩りが盛んになる時期が続くのだ。たとえばソ連崩壊後、トナカイたちに何が起きたかを、彼は話してくれた。商業的なトナカイ飼育への資金が十分でなくなり、そのセクターが縮小された。その結果として現れたのが、野生のトナカイである。かつてはトナカイ猟師に撃ち殺されていた野生のトナカイが急速に広がり始め、チェルスキーにまでやってきた。セルゲイによれば、この一〇〇年間野生のトナカイはいなかったのに、突然数千頭にまで増えたそうだ。

「ところが少しばかりの金を手に入れた奴らが、高性能スノーモービルを二台手に入れて、冬でも狩りができるようになったんだ。たった一年の間に、三〇人ほどで野生のトナカイを全部殺してしまったよ。一万五〇〇〇頭ぐらいかな」

ここの歴史の中では、何度も繰り返されてきたことだと彼は言う。ほんの少人数の狩人で、野生動物を絶滅させたり、大幅に数を減らしてしまう。人類がこの地に初めてやって来て以来、ずっとそうなんだと彼は言う。だからステップは、決して元には戻らないのだと。

「河岸にはいつだってサルヤナギと草が生えていて、数百万の動物が十分食べていける。でもそこには数千人の人間もいて、動物たちが増えないためにはそれで十分なんだ」

ニキータと私は牧場に立って、少し離れたところで草を食むウマの小さな群れを見ていた。洪積世公園の目的は、草食動物の助けを借りてシベリアのステップを再生することだ。囲いの中には四〇頭ほどのウマ、数頭のジャコウウシ、たった一頭のバイソン、トナカイの小さな群れ、数頭のヘラジカがいる。彼らがここで草を食べ始めてから二〇年ほど経つが、囲いの外と中とではまったく風景が異なっている。中は草が茂って開けているが、外は藪だ。ひょっとすると囲いの中は、失われた風景に似はじめているのかもしれない。公園は一九九六年に正式に開園し、二〇〇四年に当時二〇歳だったニキータが管理を始めた。

「実は親父が事務作業をやりたがらなかったんで、全部僕に回ってきたというわけさ。だから僕は本当の意味での責任者じゃないんだけど、誰かが刑務所に入らなきゃならないとしたら、それは僕だろうな」と彼は笑った。

目的の一つは、ここにもっとたくさんの動物を連れて来てもっと大きな柵を作り、動物たちの影響がよりはっきりわかるようにすることだ。問題は動物をここへ運ぶ方法である。特にジャコウウシとバイソンは、近くにいないので大変だ。ニキータは、動物を運ぶトラックの運転について息詰まるような物語を聞かせてくれた。彼は動物が死ぬほどの寒さではない短い春の間、何週間もかけてツンドラの上を走ったそうだ。そのような時でも地面は凍結しており、湿地も川も氷で覆われている。ここには道路がない。未開の土地を横切って、ただ車を走らせるしかないのだ。

「毎日一七時間から一八時間運転しなきゃならなかったよ。寝たのは四時間ぐらいで、それ以外は動物の世話と食事さ。旅を始めるにあたって買ったトラックは新品だったけど、着いた時には全部壊れてたよ。ブレーキもライトもなくなってた。氷の上を走ると割れるもんだから、まだ割れていない氷の上まで、車ごとジャンプしなきゃならなくてね。信じられないほど恐かったし、疲れ果てたよ」

続いて毛むくじゃらのジャコウウシを連れてきた時のことを話してくれた。ニキータとセルゲイは、北極海に船を出した。ちゃんとしたナビゲーションなどついていなかったけれど、一週間ほどで、どうにかランゲル島に着いた。ここは最後までマンモスがいた場所であり、今はジャコウウシがたくさんいる自然保護区だ。ニキータとセルゲイは、一群の若ウシを公園に連れて帰ってよいという約束を取り付けており、ウシたちは二人のために柵に入れておくとも聞いていた。ところが着いてみると、白クマが柵を壊してジャコウウシの何頭かを殺し、他はみんな逃げてしまっていたのである。

「二人で群れを探し、若ウシに麻酔をかけて船まで運ぶのに、一〇日もかかったよ。なんとか六頭捕まえたところで、それが全部オスだとわかった。でも、その時にはもう帰らなきゃならなかったんだ」

帰途は嵐に見舞われ、ニキータは二晩の間立ち通しで舵をにぎり、船を動かした。

「地図は持っていたし、GPSもあった。でも目の前がどうなっているのかまったくわからないし、仕方ないから真っ暗な中で氷山の間を走ったよ。氷山にぶつかって、タイタニックの二の舞にはなりたくなかったからね」

六頭のオスウシのうち今も生き残っているのは一頭だけで、メスは一頭もいないのだから、増えることもない。動物を連れてくるために、近いうちにまた航海に出なければならないだろう。でもあの時の困難と危険を思うと、ニキータはためらいの方が強いようだ。

茂みを排除し、草が生えてくるようにするのに十分なだけの動物が、公園にはいる。だが、森の樹木については何もできないでいるのだ。ニキータと私は六輪の小さなバギーに乗り込み、かなりの想像力をはたらかせれば森の小道と呼べなくはないところを走り始めた。でこぼこ道をガタガタ進むので、両手でしっかり車につかまっていなければ飛び出してしまいそうだった。二、三回は、一メートルくらいの深さの水たまりの中も走った。ついに私たちは小道を外れ、直径一〇センチほどの幹を持つサルヤナギが一塊になって生えている中へ、轟音と共に真っ直ぐ突っ込んでいった。車のまわりで木がマッチ棒みたいにポキポキ折れ、ニキータはエンジンを止めた。

「ほとんどの人は、僕らがやっていることは正気の沙汰ではないと言うだろうね」

折れた幹からは、樹脂の強い香りがした。ひどいドライブとその突然の終わりに、私はくらくらしていた。エンジンの唸りが止まったあとはしんと静まりかえり、数秒もしないうちに私たちは蚊に発見されてしまった。多分、と私は思った。多分、ニキータの言う「ほとんどの人」は正しい。

ニキータは、ここでは森がいかに邪魔者であるかを語り始めた。この地域には絶対に樹木があってはいけないと言うのだ。彼は現代人がいかに間違った自然観を持っているかを語り、人々は森を最高の自然と思い込んでいるけれど、彼から見るとそれは一番困った自然の姿なんだと言った。森は草食動物たちが除かれた時にできるだけで、まったく自然じゃないと言うのだ。彼らはここに、マンモスを連れて来ようとしている。ステップを維持するために、マンモスは必要不可欠なのだ。生態系の中で、木を倒して枯らせ、草原が広がっていけるようにできるくらい大きな動物は、マンモスだけだ。ニキータとセルゲイには、ウマやジャコウウシやバイソンなどを放つことはできる。でも今はまだ、マンモスの代わりができる動物はいないのだ。

「これが僕らのマンモスの赤ちゃんだよ」六輪バギーのボンネットをなでながら、ニキータは冗談を言った。これ以外にも、セルゲイは古いソ連軍の装甲車を持っていて、マンモスがいない今、それを使って公園内の樹木を倒しているらしい。二人共、この作業こそ再生マンモスが与えてくれる最大の貢献だと考えている。

そこで私は、シベリアのステップ生態系を取り戻すために、ジョージ・チャーチかそれに代わる誰かがマンモスを再生することは必要だと思うかと、セルゲイに尋ねてみた。たまたまその日はセルゲイの六〇歳の誕生日だったので、彼はそれに因んだ例え話をしてくれた。

「今朝妻がケーキを焼いた方がいいかしらと聞いてきたので、とてもすてきだけど絶対必要というわけでもないねと答えたんだ。ケーキがなくても誕生日は祝えるからね。マンモスについても同じだ。マンモスを取り戻せたら素晴らしいけど、マンモスがいてもいなくてもそれはできるようになるだろう。森が消えるまでの時間は長びくだろうが、いつかはそうなるよ」と彼は言った。

セルゲイ自身は、遺伝子操作による動物再生プロジェクトにはいささか疑いの目を向けている。真面目な研究というより、注目を集めるためのＰＲの面が強いと見ているのだ。彼が唯一ポジティブに見ているのは、オーロックスを取り戻す計画である。それは成功するのではないかと彼は見ており、またヨーロッパの自然環境にとって不可欠なことだと考えている。だがニキータの方は、マンモス再生の可能性にかなり期待している。

「そうなんだ。マンモスは絶対必要だからね。問題はかなり時間がかかりそうなことだ。ジョージはとても賢いし、いい仕事をしてくれる。ひょっとすると彼らはもうすぐにでも、マンモスっぽく見える動物を作れるんじゃないかな。でも僕らは、一頭のマンモスが欲しいんじゃない。群れが欲しいんだ。マンモスの大きな群れを作るには、長い長い時間がかかるだろう。マンモスの持つ社会的、行動的パターンが生まれるようになるだけの大きな群れを作り出すには、多分一〇〇年はかかるだろうね」とニキータは言う。

ジョージの最終目的は、この洪積世公園に一群のマンモスを放すことだと、ボストンで彼に会った時、言っていた。

「エイハブ船長が白鯨にこだわったほどではないんだが、私の長期的な目標は、シベリアとカナダとアラスカに一〇万頭の耐寒性を持つゾウがいるようにすることなんだ。アメリカでほぼゼロになってしまったバイソンを現存の五〇万頭にまでしたのと、同じプロセスを踏むことになるだろうね」

それをマンモスでやり、彼らがウマやトナカイその他の動物と一緒になってここの風景を変え、シベリアのステップを再生することをジョージは願っているのだ。それはジモフ父子（おやこ）のやりたいことと同じである。

「哲学的な意味でかっこいい上に技術的な発展に繋がり、社会に役立つプロジェクトをいつも求めているんだ」とジョージは言う。彼はシベリアに修正アジアゾウを持ち込めば、関係者すべてにさまざまな恩恵をもたらすだろうと考えている。自然環境はもちろん、マンモスツーリズムでお金儲けのできる地域の人にも、いいことずくめだろうと。

森が草原に変われば、蚊に悩まされることも少なくなるだろうとニキータは考えている。ここは雨も雪もとても少ないのだが、永久凍土のせいで水が流れていかず、浅いため池とゆるやかな川にたまるので、蚊の発生にはもってこいの土地になってしまっているのだ。だが成長の早い草は、育ちが遅い樹木よりたくさんの水を吸ってくれるので、森が草原になれば土地は乾くだろうという理屈だ。

ニキータは、自分たちが生み出す生態系が、氷期と同じくらいたくさんの動物たちが暮らす豊かなものとなり、異なる種間での複雑な相互作用も、昔どおりになることを期待している。

「一万年もの間農業を続けてきたのに、人間は動物たちが生態系の中で見事にやっている草原の管理法を学んでいないんだ。だから僕ら父子は、どうしたら自分たちの星をもっと効果的で生産的に管理できるかを示そうとしている。化石燃料などなくとも、この生態系がいかに生産的であり得るかということもね。人間のための食料も、もっと生産できるはずだよ」

そのようなシステムの中でなら、狩猟も許されると彼は考えている。ただしやりすぎず、ちょうどいいレベルを維持しなければならないが。現時点での問題は、草食動物の数が増えた時に、どのように捕食動物を持ち込むかということである。ここにはクマやアナグマやオオカミがいるが、この中で大型動物を襲えるのはオオカミだけだ。草食動物が増えすぎて土地を傷め、結局春には餓死してしまうのを防ぐには、捕食動物や狩人が必要である。オランダのオーストファールテルスプラッセンでは、この悲劇が起きてしまった。彼らがこの問題をどうやって解決しようとしているのかは、今のところまだはっきりしていない。

「僕らとその研究に対するよくある誤解は、僕らが狂ってると思っていることさ」とニキータは言う。「僕は自分が狂ってるなんて、これっぽっちも思ってない。僕は実用主義者なんだ。公園の面倒を見て、ここの生態系を救おうとしているけれど、それを純粋な理想主義で進めようとはしていない。利益を生むよい作品を作り出したいんだ。お金ではなく、来るべき世紀に別の形で人間の役に立つ、そんな利益をね」

第13章

ニワトリの中の恐竜

読者の皆さんは、私が恐竜と『ジュラシック・パーク』については序章でちょっと触れただけで、以来何も述べていないことにいらいらし、なぜなんだと思っていらっしゃるに違いない。一冊の本を原作とし、一九九三年に公開されたこの映画が、絶滅種の再生の話になるとまず思い出される作品であることは間違いない。可能性とリスク、その両方を象徴するものとして。恐竜の再生にはどうしたらよいかを人々に知らしめるための、よいお手本にもなった。映画の中では、ある科学者が蚊を完全な形で閉じ込めた琥珀を手に入れ、小さな孔を開けて丸干しになった蚊の最後の食事だったろう血液を取り出す。そしてほんの少しの血液から恐竜のDNAを抽出し、ゲノムを解析するのだ。あとは、恐竜の卵を作るだけである。

実際に、研究者たちはまさにこれをやろうとしたことがある。琥珀の中で見事に保存された昆虫の遺伝子を探したのだ。他の遺伝子がほんの少しでも混ざることのないよう完全滅菌した研究室で、研究者自身も宇宙服みたいな服を着て琥珀を砕き、死んだ昆虫からほんの少しのD

NAを抽出した。ベス・シャピロがマンモスの凍った骨片から遺伝子を取り出し、解析したのと同じ方法である。彼女は、琥珀の中の昆虫のDNA抽出も試みている。

しかし、蚊の中に恐竜のDNAは見つからなかった。それどころか蚊自身のDNAも、当時その蚊にたくさんついていたはずのバクテリアのDNAさえ見つからなかったのだ。つまり、こういった試みでDNAはまったく見つかっていない。昆虫の遺伝子が残っているのが見つかったかと思える例が一つだけあったが、再テストの結果、どうやらサンプルが汚染され、研究室にいたハエか何かのゲノムが混じったのだとわかった。

マンモスだろうが蚊だろうが、動物が死ぬとその身体はすぐに分解し始める。長いDNA分子は、最初に壊れるものの一つだ。DNAは、タンパク質や他の細胞構造に比べて、弱く不安定なのだ。研究者がゲノムを取り出し、解析することに成功した最も古い動物は、七〇万年前のものだ。この技術が開発され始めたばかりだということを考えれば、これだって十分すごいことだが、恐竜のゲノムを研究するにはDNAに六五〇〇万年間残っていてもらわなければならないのだから、道のりは遠い。

特によく保存された恐竜の化石を対象にして、なんとかほんの少しのタンパク質の同定はできた。コラーゲン、ケラチン、エラスチンなどである。しかしDNAは、かけらさえ見つかっていない。DNAには半減期のようなものがあって、最適条件下でも壊れていくのではないかと提唱する研究者すらいる。もしそうであれば、ティラノサウルスのDNAを調べたり、さらにそれをステゴサウルスのDNAと比べることは、理論的に不可能ということになる。

だからと言って、いつか恐竜に会えるかもしれないという夢が消えたわけではない。実際、それをしようとしている研究者はいるのだ。ただし、今あなたが想像しているのとは違う方法で。

ジャーナリストをしていると、こんな善良な人が実在するのかと思うような人に出会うことがある。古生物学者のジャック・ホーナーがそうだ。八歳の時に初めて恐竜の骨を見つけ、古生物学者になる決心をした。一三歳の時にはもうちょっと大きな恐竜を発掘し、以来目を見張るような発見を続けている。かなり深刻な難読症(ディスレクシア)にもかかわらず将来有望な研究者となり、恐竜についての現在の理解は、彼の発見によるところが大きい。たとえばジャックは、恐竜が巣を作って卵を孵(かえ)し子供を育てることや、群れを作ることを初めて見つけた。不器用で原始的な間抜けというそれまでの恐竜観が、これでガラリと変わったのである。少なくとも二種の恐竜に、彼に因んだ名前がつけられている。

ジャックは『ジュラシック・パーク』のグラント博士のモデルでもある。巨大トカゲたちが囲いから逃げ出し、捕らえられるものを片っ端から食べ始めた時、子供を含めたみんなを救った、カウボーイハットの英雄だ。映画の中のセリフの多くは、ジャック自身の科学的発見から来ている。

また『ジュラシック・パーク』シリーズの映画五本のすべてで、ジャックはサイエンスアドバイザーとして、スティーブン・スピルバーグ監督、出演者、そして恐竜たちを信憑性のある存在にした特殊効果チームに協力した。彼とハリウッドとの関係は今も続いており、映画プロデューサーのジョージ・ルーカスは、彼の恐竜再生プロジェクトに資金援助をしている。本当にこんなことがあるのかと思うほど、素晴らしいことだ。

「何でこんなことやってるかっていうと、僕にはそれができるからさ。実際、恐竜を作れる可能性はあるんだから」と彼は言う。

会話しているあいだ中、ジャックはくすくす笑ったり爆笑したりしっぱなしだった。彼がジャーナリストに注目してもらうのが好きらしいことは明らかだったが、仮説的な質問や哲学的な議論も楽しんでいた。私が彼の恐竜再生プロジェクトに批判的な質問をしたり、本当にそれは成功するのかと聞いた時でさえ、楽しそうに見えた。彼はいろいろな意味で、マンモスを再生したがっているジョージ・チャーチに似ている。二人とも同じような情熱と好奇心とに動かされているように見えるし、そういえば年齢も同じくらいだ。

六五〇〇万年以上前に絶滅してしまった恐竜のゲノムについて知るのは不可能なので、ジャックはミニチュア「恐竜」を作り出す別の方法を見つけなければならなくなった。一羽のメンドリを出発点に、その中にある恐竜をうまく引き出すというものである。

生物学的には、鳥は恐竜なのだ。恐竜の子孫というだけでなく、恐竜の家系の中に一つのグループを形成している。ライオンがネコ科であり、ネズミが齧歯類(げっしるい)であるのと同じだ。他の枝は、みんな潰えてしまったというだけの話だ。つまり科学的視点からだけであれば、ジャックはニワトリを台に乗せて、「ジャジャーン!」と言えばよいのである。だが彼自身も言う通り、ティラノサウルス・レックスに会いたくて仕方のない六年生を納得させるのは、それでは無理だろう。鳥は恐竜の亜種かもしれないが、恐竜と聞いて思い浮かべるのはスズメではないのだ。

鳥と他の恐竜とを区別するところは、四つある。ニワトリには腕や手ではなく羽があり、あごの代わりにくちばしがある。歯もないし、恐竜に特有の長いしっぽもない。短くて小じんまりした尾羽があるだけだ。その他の部分は、羽毛から、夕飯にローストチキンが出た時に奪い合いになる素晴らしいもも肉に至るまで、すべて恐竜と共有しているとジャックが教えてくれた。恐竜はかなり長いあいだ生息してきた、非常に大きな動物グループに属している。鳥は、このグループから進化してきたのだ。そのグループにはティラノサウルス、ヴェロキラプトルなど、二本足で細長い首と長いしっぽを持つ恐竜たちが属している。

「僕らがやろうとしているのは、進化の過程を巻き戻して、ニワトリの胚を恐竜に育てようということなんだ」と彼は言う。

つまり、古典的な意味での遺伝子操作の話ではないのだ。ジョージ・チャーチがゾウをマンモスに替えようとしているのと同じ方法で、ニワトリをミニチュア恐竜にすることはできるかもしれない。特定の遺伝子を選び出し、ただそれを何か別の遺伝子に替えてやればいいのだ。そうすれば、ゾウがマンモスの毛皮を持つように、ニワトリにも歯ができるかもしれない。

けれどもジャックは、まったく別の方法を選んだ。一つは、恐竜の場合、基盤として使える遺伝物質が手に入らないからでもあるが、それだけではない。ジャックは、結果と同じくらい過程に関心があるのだ。

一億五〇〇〇万年ほど前、現存の鳥へと進化することになる恐竜の仲間は、他の仲間から分岐し始めていた。当時、羽毛はすでに当たり前だった。多くの恐竜がふわふわの羽毛、もしくはダチョウのような羽飾りを持っていたのだ。だが鳥へと進化する仲間は、翼を進化させ、空を飛び始めた。鳥と他の恐竜を分けていくその他の変化は、そのすぐあとに起きた。そして約一億年前に、「本物の」鳥が現れたのだ。その間に一体何が起き、どんな過程が鳥への進化に繋がったのだろう？　ジャックは、恐竜を作ることでその問いに答えを出したいと思っている。

　彼の仲間は、ニワトリの胚がヒナへと発生していく途中に胚ではたらく遺伝子を操作しようと考えている。この方法で、一億五〇〇〇万年の間に起きた進化を逆行させ、古代の生き物を作り出そうというのだ。その過程は、ヘンリーがオーロックスの改良でやろうとしているのと似ているが、はるかに複雑である。

　つまり、鳥は進化の初期には歯やしっぽなどを持っていたから、今も彼らのゲノムの中にそのための遺伝子は残っているはずだという考え方なのだ。進化とは、考古学者が発掘する地層のように、既存の性質に新しい性質を積み重ねていくものである。使われなくなった性質の遺伝子も、屋根裏のガラクタみたいに残っているかもしれないのだ。これらの性質の中には、胚が成長する間だけ現れ、その後消えるものがある。たとえばヒトの胚には明らかにしっぽと見られるものが数週間存在するのだが、その後消えてしまうのだ。ジャックが活性化しようとしているのは、そんな見捨てられた遺伝子なのである。

　研究者がやらなければならないことは、発生を違う方向に向けてやることだけだ。鳥特有の性質に繋がる過程のスイッチを切り、代わりに遺伝子保管所にある古い過程を拾い上げるのだ。「進化で手にした一連の変化を元に戻したり取り除いたりすることで、恐竜に見える生き物を作り出す可能性はあるんだ」とジャックは言う。

進化について理解するために、いろんな方法で鳥の胚発生に手を加え、恐竜のような性質を引き出せないかと考えている研究者は、世界中に大勢いる。くちばしに注目している人、前脚がどうやって翼になるかに着目している人などさまざまだ。ニワトリに未発達な歯を生やすことに成功した研究グループも、いくつかある。だがこれらすべてを結びつけて恐竜の赤ちゃんを生まれさせるのだと公言しているのは、ジャックだけだ。

彼は数年前にこのプロジェクトを計画し、同時に『恐竜を作る方法』（邦題は『恐竜再生』）という本を書いて二〇〇九年に出版した。だが実際に研究費を得るまでに時間がかかり、私が彼を取材した時には、研究室がプロジェクトに取り組み始めてからまだ四年しか経っていなかった。最初のステップは、胚の段階で鳥の尾羽がどのように作られるかを調べることだった。

「今は、鳥の尾羽を長いしっぽに変えるという作業に絞っている。一番難しいところだよ」と彼は言う。

「鳥のしっぽについては何もわかってないことに気づいたので、僕らは少し戻って、鳥の中で何が起きているかを調べなければならなかった。実際に起きていることを知らなければ、プロセスを逆戻りさせることなんてできるはずがないからね。恐竜作りについてはちょっとだけスピードダウンすることになったけど、興味深い事柄をたくさん見つけたよ」と、ジャックは興奮気味に話してくれた。

鳥の尾羽がどう機能するかがわかったら、胚の段階で長いしっぽへと育つようにする方法を探さなければならない。それは大きなブレークスルーになるはずだ。胚を、新しい脊椎動物へと発生させられることになるのだから。それは恐竜づくりにとって不可欠の技術であるだけでなく、背骨に問題がある人を救うのにも使える。もっともジャックは、自分のプロジェクトはそのような応用のためのものではなく、それはあくまでも幸運な副産物だと言い張る。

「大事なのは、新しい発見をすることだ。今の社会は、研究は目的を持ち、人間の生活に役立つものでなければならないという考え方にこだわりすぎているよ。それには賛成できない。科学にとって大事なのは、この世界についてできるだけたくさんのことを発見することだと、僕は思っている。それが役に立つかどうかなんて、どうでもいいのさ」と彼は言う。

しっぽについての研究が成功したとしても、目標達成まではまだまだ遠い。次は、世界中で行われている、身体の他の部位の進化の過程に関する研究成果を集め、統合しなければならない。手に入る研究成果には、さらに研究を進めなければならないものもあるだろう。たとえばニワトリで発生させることができた歯は、まだそれほど納得できるものではない。いくつかは、現存する鳥を使って研究できるかもしれない。たとえば南アメリカに住むツメバケイのヒナは、翼に指と爪に似たものを持っている。その胚発生を見れば、恐竜の腕について何か手がかりになるかもしれない。それに、胚発生のある側面が、他の側面に影響を与えないとも限らない。ニワトリの中でそれらがきっちりはまってくれるという保証は、まったくないのだ。

私はジャックに、このプロジェクトが完成したと思うためには、何が必要ですかと尋ねてみた。

「ニワトリ……実際には何の鳥でもいいんだけど……の遺伝子を活性化して、歯を作ったり口の形を変化させたり、長いしっぽができるようにしたり、腕や手の形を変えられた時かな。そうなれば、恐竜のような生き物を誕生させられたってことだからね。口の中に歯があって、腕や手があって、しっぽが長い生き物をね。それは小さな現代版恐竜に見えるだろうよ」

もし彼が成功したら、それは多くの恐竜と同じように羽毛を残した、ニワトリくらいの大きさのものになるだろう。ハリウッド映画で主役をはれるほど恐ろしいものにはならないだろうが、その存在は、研究者が胚発生を支配する能力を持ったという点で、大きな科学の進歩を意味する。その最初の一頭が生まれるまでどのくらいかかると、ジャックは思っているのだろう？

「時間を決めることはできないよ。それぞれの実験にどのくらいの時間がかかるかわからないんだから。ものすごく運がよければ、五年でできるかもしれない。運が悪ければ、一〇年以上かかるだろう。いずれにしても一〇年か一五年。それほど長くはかからないよ」と彼は幸せそうに自信を持って語った。どう見ても、ジャックは楽天家に生まれついているとしか思えない。

ハーバード大学のとある研究室には、ずらりとニワトリの卵が並んでいる。どれにも小さな孔が開いており、中が覗けるようになっている。ジャックと同じ問題を解こうとしている、もう一人の研究者がいるのだ。ただし、目的は違う。

「胚の発生のしかたを調べると、進化について多くのことがわかりますし、その逆もありなんです。私はとても大事な変化、つまり鳥にくちばしを与えた変化を知りたいのです」と、アークハット・アブザノフは研究室を案内してくれながら言った。部屋にはいろいろな種類の鳥の白い頭蓋骨が山ほど並んでおり、恐竜の化石のモデルもいくつかあった。

彼は、ニワトリ胚からくちばしではなくワニのあごのようなものを作ることに成功している。その研究成果は、二〇一五年初頭に発表された。遺伝子を替えるのではなく、発生プロセスのいくつかのスイッチを切る化学物質を胚に注入し、それが受け取るシグナルを替えたのである。彼は普通のニワトリ胚とワニ、そして彼が変更を加えたニワトリの、それぞれ上あごの骨のX線写真を見せてくれた。変化させた胚の写真のうちいくつかは、普通のニワトリよりもワニに似ていた。

前歯の裏側にある口蓋に舌を当ててみれば、あなたもアークハットが変更を加えた骨を感じることができる。舌をもうちょっと奥に引っ込めれば別の骨があり、口蓋の一番高いところにあるその端を感じることができる。鳥では、この二つの骨がくちばしになるのだ。アークハットはこの二つの骨の発生を止めることでニワトリ胚を逆行させ、恐竜の胚に近い生き物を作ったのである。

「ヒナがくちばしを作るのにどのシグナルが必要であるかを示す、とてもスマートな方法ですよ。私たちがそのシグナルを止めれば、胚は古い発生プログラムへと戻るのです。実際これは、くちばしの代わりに鼻を作ろうとし始めています」とアークハットは言う。

しかし彼は、このくちばしの代わりにあごを持ったニワトリに事務所内をうろうろさせるつもりは、まったくない。

「私たちは、胚をかなり進んだ段階まで成長させました。でも、孵すつもりはありません。それには倫理的な問題がありますから。このプロジェクトでは、孵化は決してさせません」と彼は言う。プロジェクトの目的は進化を理解することであり、恐竜のような生き物を作ることではないのだ。

「現代の鳥が生まれてから、かなり長い時間が経っています。胚発生の際にどれだけの遺伝プログラムが今も残っているのかまったくわかっていませんし、活性化すればどれがはたらくようになるのかもわかりません」

ゲノムの中に古代の遺伝子やプロセスが残っているのは確かであり、それを調べれば進化に関する重要な事柄を発見できる。しかしそれらの遺伝子が、生きたヒナの中でうまく機能してくれるほど保存状態がいいとは限らないと、彼は説明してくれた。変化させたくちばしを持つニワトリを孵しても、それは上手に餌を食べられないだろう。同じ操作で頭蓋骨の他の部分を変化させてはいないので、くちばしがうまくはまらないからだ。つまり彼が作った胚は、ちゃんと機能するあごを手に入れたとは言えないのだ。そこをはき違えてはいけないと、彼は考えている。X線で見える違いは、進化の過程で何が起きているかを、科学者に教えてくれるだけなのだ。

つまりこの研究は、家系図の枝を遡ってみることによる、鳥の家系図の研究なのだと彼は説明してくれた。鳥が他の恐竜たちから分かれたところまで戻って、そこで何が起きたかを知ることはできる。しかしそれは、我々がその道を戻れるという意味ではないし、ミニチュア恐竜を作れるほどゲノムの状態がよいと保証するものでもない。使われていないDNA配列は、多数の有害変異を蓄積しやすい。時には長い配列が消失していることもあるのだ。

アークハットは、ジャック・ホーナーのプロジェクトにはとても懐疑的である。

「何かを復活させられるなんて主張するのは、時期尚早すぎます。私たちが唯一できることは、進化についての問いに正確に答えることです。この問題がとても複雑だということに関して、研究者までもが無頓着すぎると思います。掘り下げれば掘り下げるほど、この問題は複雑です」と彼は言う。

アークハットは、研究者が復活させてもいいのは恐竜のように見える胚くらいであり、孵化するところまでそれを発達させてはいけないし、成獣まで成長させるなどもってのほかだと考えている。そんな想像をすることすら、したくないようだ。「時期尚早ですし、私たちは何も知らなすぎますからね」と彼は言う。それに、もし小さな恐竜みたいなものができたとしても、その遺伝子が本来の恐竜の場合と同じようにはたらく保証などないのだということを、研究者は心に留めておかなければならない。ひょっとしたら、どっちにしろ最終的には同じ結果になる遺伝子のスイッチを入れたり切ったりする、別の方法を見つけただけかもしれないのだ。

ニワトリについてそれぞれ別の方向から研究をしている二人の研究者は、それぞれまったく違う結論に達した。だがジャックはアークハットの批判や懐疑的な態度について、あまり気にしていない。

「彼はとても優秀な科学者だ。ただ彼は本質的に悲観主義者で、僕は楽観主義者だ。そこが二人の間の大きな違いさ。正直言うと、それがうまくいくかどうかなんて誰にもわかりっこない。だけどやってみない限り、うまくいかないのは当然だ。僕は、全工程をテストする準備ができているよ」とジャックは言う。

インタビューのあいだ中、彼は何度もこのプロジェクトがうまくいくかどうかはわからないと語っている。恐竜型ニワトリ（ディノ・チキン）が孵化するかどうかもわからない。それが成体にまで育つかどうかもわからない。それがどんなふうに見えるかについても、正確な考えを持っているわけではないというわけである。でも彼にとっては、どれも勝ち取るべきポイントだ。彼とその仲間が研究を進めていくうちに、発見するだろうことだからだ。それは、実際にさまざまな実験をやってみなければ知ることができない事柄でもある。

「すべての構成要素をリストアップし、それを組み合わせることに成功すれば、胚ができるだろう。そしたら次は、なんとかしてヒナを孵化させなきゃいけない。それが生き残れるかどうか、成体になれるかどうか、そんなことはわからない。でも、やってみなきゃ」とジャックは言う。

大きな科学的課題以外にも、ジャックの研究は倫理にもとるとして批判されてきた。彼が作り出す生き物は事実上の奇形であり、苦しむことになると批判者たちは言う。

「もちろん、苦しむ動物を望んで作るつもりはないよ。この問題を持ち出されたら、僕はまず彼らに、人間は歯が口から突き出すような形の下あごを持つイヌを作り出したってことを思い出してもらうんだ。僕らは、その祖先よりも『苦しんでいる』だろう動物を、これまでも作り続けてきたじゃないか？　ペットとして飼っているとしてもね。ブルドッグは苦しんでるって、僕らは言えるのかな？」と彼は尋ねる。

もしミニチュア恐竜を作れたら、その未来について彼はどう考えているのだろう？

「ブルドッグと同じ未来だよ」と彼は笑った。「僕らは奇妙なイヌや他の動物を、あれこれ作ってきた。恐竜は、僕らが家畜化した動物の一つになるんだよ。ペットとして飼えるようになるんだ。お望みとあらば、肉用に飼育することだってできる。彼らをペットとして売り出して大金を稼ぐ人は、確実に出てくるだろうね。僕じゃないけど」と彼は言う。

ニワトリサイズのペット恐竜ができたら、間違いなく飛ぶように売れるだろう。それは科学的進歩の結果であり、しかも可愛くて無害だ。『ジュラシック・パーク』のように恐竜がその制作者に牙を剥いて食べてしまうなどという危険は、まったくない。ネコのように、ネズミを捕らえるくらいのことはするかもしれないが。

ジャックの無邪気な楽観主義は人を元気づけるし、成功しようがしまいが、彼がめちゃくちゃ楽しむだろうことは明らかだ。かなり疑わしくはあるのだが、彼には成功してほしい。ジャックが研究をやろうとする理由「うまくいくかどうか見たい」は、私が取材してきた人の中でも、最も正直で最高なものなんじゃないかと思える。できるかもしれないし、できないかもしれない。でも、やる価値はあるのだ。

第14章

ユートピアとディストピアは紙一重

私はこの本を、神の禁止に逆らって人類に火をもたらしたプロメテウスの物語から始めた。この物語には二つの読み方がある。プロメテウスよ、よくやったと思うか、彼の行為は間違っていたと思うかである。そして今、絶滅種再生は道徳と倫理にもとると見なす人々によって、プロメテウスの名が繰り返し持ち出されている。

「失われた種を取り戻そうとする試みは、自然界における道徳と技術の境界線を受け入れまいとすることに等しい。プロメテウスは、いずれにしろろくなことにならなかったじゃないか」と、アリゾナ大学の環境倫理の教授であり、絶滅種再生を声高に批判している一人であるベン・ミンティアは言う。

彼の言う通り、種の絶滅に正面から向き合うことは、私たちが道徳観を学びとるための宿題のようなものだ。ある生き物を失ったという喪失感によって、私たちは自らの過ちと限界を思い出し、自身の力を過信せずにいられるのである。ベンは、生物学者アルド・レオポルドが一九三〇年代後半に書いた言葉を引用する。

「我々が持っている道具は、我々自身よりも優れており、我々よりも早く進歩する。それは原子を破壊したり、潮流をコントロールしたりすることはできる。しかし、自分たちが暮らす土地を汚さないという、人類史上最も古くからある任務には向かないのだ」

ベンにとって、私たちが挑むべき大事なチャレンジとは、絶滅した種の復活ではなく、持続可能な暮らし方をし、道徳的で文化的な力によって今日起きている環境破壊の改善に取り組むことなのだ。

「我々は悪賢い種だが、時に素晴らしく、英雄的な行動を取る種だ。だがしばしば、自分の力に酔いしれてしまう種でもある。そのような力を否定するのは、馬鹿げたことだ。だが我々は、いろいろなことを教えてくれる自然の包容力を愛で、守らなければならない。既に失われてしまった自然についても同様だ。それらは、集団的自己抑制の大切さや人間の限界について、深く考えさせてくれる。これほど謙虚さについて教えてくれるものは、他にないよ」と彼は言う。

「こんなことを言うのは、科学の進歩に反するのかもしれない。でもアクセルから足を離して、自然をコントロールし、操作し、『修正』したいという衝動を抑えるだけの叡智が、我々には備わっているはずだ」とベンは続ける。

ベンの意見は、リバイブ&リストアを運営するカリフォルニアの元ヒッピー、スチュアート・ブランドのものとは正反対だ。スチュアートが目指しているのは、まさに人間が自然に対して責任を持ち、管理するという未来である。彼は、人間がこれまで以上に自然に介入するのがよいと考え、現在野生で手つかずの地域にも入り込むことを求めている。ベンがブレーキを踏み、私たちの過ちに目を向けるべきだと考えているのに対し、スチュアートは、手遅れにならないうちにアクセルを踏もうとしている。どちらも自分の考え方が、環境破壊を止めるためのよい方法だと信じているのだ。

スチュアートは、人間はすでに自然をありとあらゆる方法で侵害するという形で神のように振る舞ってしまっているのだから、うっかり破壊する神よりは、責任ある神になる方がマシだと考えている。ベンは、人間が自分を神だと思い込むこと自体が馬鹿げていると思っている。この二つの考え方は、絶滅種の再生に潜む倫理的、道徳的ジレンマの集大成だ。もはや遺伝子操作が機能するかとか、新しい種が自然環境に影響を与えるかなどという話ではない。これは、人類が誕生した時から抱えているジレンマなのである。

私自身は、二つの乾草の山の間をうろうろしている〝ビュリダンのロバ〟のように、二つの間をふらふらしている。というより、二頭のサーベルタイガーの間でうろうろしている状態と言った方がいいかもしれない。スチュアートの構想は、ちょっと怖い。彼が描き出す自然は豊かで将来的には繁栄するのかもしれないが、まるで臨床的でよく管理された『スタートレック』の世界みたいだ。だが、運命論的で既に負けたと諦めているようなベンの持論も、同じくらい怖い。彼の基本原則は、人類は世界をよいものにすることはできず、何もしないのが最良の策だと言っているようなものなのだから。

ベンの言葉で特に私が受け入れ難いのは、他の生き物たちの存在が減少していく状況を受け入れることが、人間にとっては道徳的戒めになるという考え方だ。自然の喪失から謙虚さを学べるからというだけの理由で、人間自身や他の生き物たちのために世界をよくすることは諦めようなどという考え方は、どうしても受け入れ難い。でも、私たちの能力に対する集団的過信という考えには賛成だ。それには反対などできない。

でも、人間が自分の力を過信しすぎる癖があるからと言って、世界をよりよくする行動を止めてしまうべきなのだろうか？　いや、逆に問いたい。そもそも種の再生は世界をよいものにしようとする行為ではなく、人間の傲慢に過ぎないのだろうか？

問題は、こういった倫理的な議論は、必ずユートピアかディストピアか、つまり一かゼロかというところに落ち着いてしまいがちだということだ。こうなると議論自体が難しくなり、全体を俯瞰(ふかん)するのは不可能になる。

この問題の鍵となるのは、世界中の実験室で何が起きているかとか、技術的に何が可能かという点ではない。復活した種と共存する必要が出てきた時に、私たち人類がどう感じるかが問題なのである。最終的に何が起きるかを決めるのは、私たちの感情なのだ。

スーザン・クレイトンは心理学の教授であり、人間と自然との関係を研究している。私の取材に対し、彼女は人間が種というものの価値をかなり高く評価しているという事実を強調した。多くの人が、絶滅危惧種の動植物を救うために、あらゆる努力をすべきだと考えていると言うのである。同時に私たちは、人間のおせっかいに影響されず、野生のままに存在する自然にも価値があると思っている。再生生物を自然に放つことは、この二つの価値観のぶつかり合いなのだ。

「再生動物になんだか不安を感じるのは、個々の種がどうという問題ではないのよ。人間と自然の関係を、変えてしまいそうな気がするの」とスーザンは言う。彼女自身も、種の復活そのものがよいことか悪いことか、決めかねている。この問題について説明するために、彼女はこの一〇年から二〇年の間で行われた研究について話してくれた。自然の中で過ごすことの、心理的効果についての研究である。

「それはメンタルヘルス、社会体験、認知能力のすべてにプラスの効果があるわ。幸福感にもよい影響があるというエビデンスも、たくさん蓄積されているの。もっともなぜそうなるのかについては、まだわかってないけど」と彼女は言う。

これについては、さまざまな理論が出されている。一つは、自然体験がストレスを減少させるというものだ。自然の中にいると、特別の努力をしなくても注意力を保てる環境が与えられるので、自ずと注意力が活発になるという説もある。

他に、自然は人間の影響下にはなく、そこでは人間の力に限界があると私たちが見なしているからこそ、プラスの効果が生まれるという見方もある。スーザンが調査した人々の中にも、森の中にいると謙虚な気持ちになり、自分はより大きなもののほんの一部であり、人間はこの世界の中心ではないと感じるという人が多いらしい。このほとんど神秘的とも言える体験は、とてもよいとも言われている。

「人間は農業を行い、遺伝子操作を行い、というふうに、既にさまざまな方法で自然に干渉しているわ。ただ自然環境に対する人間のコントロールを増す最近の技術は、私たちが自然の中ではつましい、取るに足らない存在であるという感覚を抱きにくくしているように思えるの。証拠があるわけではなく、推論に過ぎないけど」。再生動物たちは、そのような関係変化の象徴になり得るのだ。

「絶滅動物の再生という考え方は、人間が自然へのコントロールを増すことを意味しているわ。人間がどの種を積極的に再生するかを決めるようになったら、自然と人間の関係を大きく変えることになると思う。絶滅危惧種を絶滅から救うこととは、まったく違う話なのよ」

自然が人間に対してどう影響するかという学問は最近出てきたばかりなので、自然と人間との関係が歴史の中でどのように変わってきたか、またこれから先どのように変わっていくのかを語ることはまだできない。

「関係はこれからも変わるでしょうし、おそらく既に変わっているんでしょうね。どのくらい変わったかはわからない。なぜ自然がこのような影響をもたらすのかが、わかってないから。たとえば身体的生理がどれくらい影響しているのか、もしくは人間の認識はどれくらい影響しているのか、何もわかってないわ。五〇年後には、私たちの自然体験もずいぶん変わっているでしょうね。私たちが気候変動などのせいでいかに自然を変えてしまったかを、強く感じるようになっているかもしれないわ」とスーザンは予測する。そのような変化の結果、自然に囲まれることによってポジティブな効果を得られなくなっているかもしれないし、逆かもしれないというのである。

「もう一つ重要な点は、文化やイデオロギー、さらにはファッションにも、ある傾向が見られるということね。今の時代は、本物であり自然であるものに価値があると思われている。でも五〇年前は逆だった。完全に人によって作り上げられた人工物の方が、人々の興味を引いたのよ。遅かれ早かれ、振り子はそちらへ戻ると思うわ」

彼女はプロメテウスについて、私たち人間が自分たちの力を過信する危険性について、どう考えているのだろう？

「わからないわ。何かに挑戦してみようという時には、自信過剰はいいモチベーションになる。でもそのせいで、大きな間違いが起こることもある。もしあなたが自信過剰だったら、マイナスの可能性について考える必要性を感じなくなるでしょうね」

同時に彼女は、私たちが自然に対してより大きな責任を感じることが重要だと考えている。手を出さず何もしないだけでは、ネガティブな結果しか得られないというのだ。

「どうバランスを取るのかが、一番大きな問題ね。自然を守りたいけれど、自然の中で寝転がりたくはないと言うのは簡単よ。でも、じゃあそれがどういう意味かを定義しようとすると、それはひどく曖昧になる。境界線すら、ないのかもしれない。だから私には、うまく答えられないわ。ただ、それはとても複雑な問いであり、生物学の知識はもちろん、人の反応という心理学の知識も必要だということだけは、言えるでしょうね」と彼女は言う。

絶滅動物の再生という考えへの批判の多くは、科学の進歩によって、私たちが現在絶滅の危機にある動物種への配慮を欠きつつあるのではないかという懸念である。スーザンも、同じ不安を抱えていた。

「何でもできるという考え方になってしまうんじゃないかと、それが心配だわ。人々が『種の保護などあまり心配しなくていいよ。あとからそれを取り戻す方法は、必ずあるんだから』と考え始めてしまったら、問題でしょ」と彼女は言う。

そこで私は、それとは反対の効果も考えられないかと尋ねてみた。再生動物という考えが人々に希望や興味を抱かせたら、それが現存する種を守ろうとする気持ちに繋がるのではないか？

「確かにそれはよい指摘ね。種が絶滅したなんていう話をずっと聞いていると気が滅入るし、環境に関して『燃え尽き現象』みたいな気持ちになると言っている人も大勢いるわ。自然について心配している人が悪いニュースばかり聞かされていると感じたら、努力を諦めたくもなるでしょう。不可能だと思っちゃったら、やってみても仕方がないですものね。でも、頑張れば問題は解決できると思えれば、それはいいモチベーションになる。自然保護活動をしている人に、もっと支援が行くようになるでしょう。私がこの問題にあまりはっきりとした立場を取らないようにしているのも、これなのよ。希望に繋がるかもしれないから」と彼女は言う。

人々の再生種への反応に関する問題点が、もう一つある。再生種は本当にオリジナルの種と同じものと見なされるのか、それともまったく新しい生き物だとされるのかという点だ。生物学的に見れば再生種はまったく新しい生き物であり、絶滅種から見ても現存種から見ても変種である。しかしふさふさの毛が生えたゾウをマンモスと呼ぶことは、少しずつ受け入れられつつある。

「研究者が、自分たちは新種を作り出しているのだと言えば、人々の反応はかなり変わって、もっと否定的なものになるでしょう。古い生き物を取り戻しているのだと言う方が、はるかに穏便よ」とスーザンは言う。

かつて存在したものの復活と言う方が、遺伝子操作による大冒険の結果と言うよりはるかに安全に感じられるし、道徳的にも受け入れやすい。

「私たちは、人間の行動は理性によって管理されていると考えがちだけれど、実際にどう行動しているかを考えれば、感情の役割を認め、理解することが大事だと思うの。人間の行動のかなりの部分は、感情に影響されてる。特にこの問題に関する限り、多くの場合が理性的な考えと言うよりは、感情的な反応ね」とスーザンは言う。

第15章

溶ける巨人

「マンモスのおしっこの臭いがするだろう？」　溶けた永久凍土層にできた黒い泥水を掘りながら、ニキータ・ジモフが聞いてきた。実際そこら中が、馬小屋の臭いともブタの糞(ふん)が混ざったようなとも言える臭いに満ちていた。転んで顔を泥だらけにしたくなければ両手で支えなければならないくらい足元がおぼつかない中、よろめくたびに臭いは強くなる。

私たちはチェルスキーの研究施設を出発し、広くて浅いコリマ河を三時間ほどボートで上流に向かって上ってきた。ここはデュヴァニィ・ヤール（Duvanny Yar）と呼ばれる地域で、川が凍土を削り取り、四〇メートルほどの高さの凍土の断面が露出している。六月なので表面は溶けている。溶けかけの氷が土の中に埋まり、傾斜全体が泥でできたゆっくり落ちる滝みたいになっていた。ここには、高値で売れる牙を探して地元のマンモスハンターがやって来るのだが、他に永久凍土を研究し、それが溶け始めたらどうなるかを知りたい研究者が、世界中からやって来る。

ここシベリアでは、カナダの大部分やアラスカと同じく一年中地面が凍っているのだが、毎年夏の数ヶ月だけ、表面近くの層が一メートル弱ほど溶けるのである。そこに木や草が根を伸ばし、レミングやシベリアシマリスが通路を掘るなど、あらゆる生き物の活動が続いていく場となるのだ。だがその層の下では、基本的に何ごとも起きない。数千年もの間、何ごとも起きていないのだ。

ここに見られる独特の土はイェドマと呼ばれ、その分厚い層は、前の氷期に形成された。スカンジナビアが氷河で覆われていた頃、ここはマンモス、毛の生えたサイ、バイソン、サーベルタイガーなどが暮らす、開けたステップだったのだ。永久凍土の中からは、常にこれらの動物の骨が見つかる。私たちが訪れた時にも、保存のよいマンモスの歯と、ニキータがトナカイだろうと言ったいくつかの骨が見つかった。

岸に沿って骨を集めながら、ニキータとセルゲイは、ステップに最も多くの生き物がいた時、ここに何匹の動物が暮らしていたのかを数えようとしていた。一平方キロメートルにマンモス一頭、五、六頭のバイソン、六頭のウマ、約一五頭のトナカイがいたと、彼らは結論づけた。骨は大きいほど残りやすいので、トナカイやウマより小さな動物についての見積もりは難しい。この地域には捕食動物も暮らしていたが、草食動物より数が少なく、その骨はあまり見つかっていない。

この見積もり法にはいくつかの問題があるので、ジモフ父子(おやこ)が高めに見積もっている可能性はある。だが見つかった骨からはっきり言えるのは、ここは草食動物でいっぱいの豊かな環境だったということだ。

　その頃この地域は乾燥し、風が強く、埃だらけだった。毎年世界中から埃が飛んできて、草の上に一ミリほどの層を作った。四万年もの間、毎年新しい層が積み重なっていった。とても寒かったので土は下から凍り、地面が徐々に高くなり、同時に氷は届く限りの下側にあるものを飲み込んでいった。かつてここに暮らしていた動物たちの足元で氷河が作られ、私たちは今もその上を歩き回っているのだ。

　ここの土は、アンモニアを多く含んでいる。一説によれば、大型動物の尿が分解する暇もなく凍ったからだという。そのような動物の全身が、植物の一部やその他の有機物と一緒に、土に埋まっていることもある。ニキータは、土の中にある細い糸を私に見せてくれた。数千年も前の、草の根の名残りだ。

「森、草原、藪など地球上の植物すべてに含まれる炭素と、永久凍土の中に存在する炭素とを秤にかけたら、永久凍土の方が二倍の重さになるんだ」と彼は言う。最新の計算によれば、永久凍土の中には合計一・三兆トンの炭素があるらしい。これは、大気中の全炭素の一・五倍だ。セルゲイは、二〇〇六年に永久凍土がいかに多くの炭素を蓄えているかを示す画期的な論文を発表した研究者の一人である。

　この閉じ込められた炭素に関して、今や世界中の研究者や意思決定者がかなり不安を感じ始めている。他の地域と同じように、北極でも気温が上昇しているからだ。実際、北極は他のどの地域よりも急速に温暖化している。この三〇年間、一〇年毎に〇・五度ずつ気温が上がっているのだ。主に雪や氷が減って北極が黒っぽくなり、日光で温まりやすくなったせいだ。気温の上昇で森林限界も北上し、今は明るい色のツンドラ地域も、色の濃い木や藪で覆われるようになっている。そうなれば、さらに気温の上昇が進むだろう。同時に植生の増加は蒸発を促し、土地をほんのわずか冷やす。特に夏はそうだ。

にもかかわらず、全体としてはより多くの凍土が溶けていくだろう。地中に閉じ込められていた炭素が微生物によって分解され、二酸化炭素やメタンとして大気中に放出されるだろう。最新の見積もりでは、今世紀末までに土中の炭素の五パーセントから一〇パーセントが溶け出し、温室効果ガスに変わる危険があるとされる。私たちが他の温室効果ガスの放出を、今のペースで続ければの話だが。年単位で言えばこれは、人間が放出する温室効果ガスの一〇分の一にあたる。

ここに、ジモフ一家がステップの風景を取り戻したいと願い、ジョージ・チャーチが草食で木を倒してくれるマンモスを放ちたいと思っている本当の理由がある。彼らは永久凍土が溶けるのを防ぎ、その延長上にある大量の二酸化炭素の大気中への放出を止めようとしているのだ。

「僕らはどうやって、永久凍土が溶け始めるのを止めたらいいのだろう。ここで凍っている炭素を大気中に放出しないようにするには、どうしたらいいんだ？　これは途方もない挑戦だ。でも僕らが洪積世公園で示したかったのは、草食動物がたくさん暮らすステップを作れば、お金もかからず簡単にこの問題を解決できるってことなんだよ」とニキータは言う。

この驚くべき主張の背後にある言い分は、こうだ。もし明るい色の草が色の濃い藪や樹木に取って代われば、夏の太陽の熱が反射しやすくなる。だが草食動物が多く暮らすステップの真の偉大な効果は、暗い冬にある。冬になるとシベリアのこの地域は五〇センチから一メートルの雪で覆われ、それは冬の間中溶けない。

「この軽くてふわふわの雪が、いい絶縁材になってしまっているんだ。気温がマイナス五〇度になっても、雪のせいでその冷気は凍土には届かない。雪の下の温度はマイナス一〇度から五度くらいにしかならないのさ」とニキータは言う。

つまり、冬でも地面は思ったほど冷えない。そして春が来れば、雪はすぐに溶け始めてしまう。解決法は、雪を取り除くことである。そうすれば冬にはもっと地面を冷やせるし、夏の間も土を冷たいままにしておける。永久凍土はあまり温まらず、凍ったままでいてくれることになる。

「もちろん何万台もの除雪車を送り込んで雪かきし、冷気が永久凍土に届くようにしてやることはできる。でも費用がかかるとか面倒だとかはさておき、除雪車に使う燃料が大量の温室効果ガスを出しちゃったら、結局結果は同じってことになりかねないからね」とニキータは言う。

ニキータとセルゲイは、草食動物が除雪車と同じ役割をしてくれるだろうということに気づいたのだ。草食動物たちは雪をほじくり返し、食べられる凍った草を求めてそれを踏み固めてくれる。その結果、雪が土を隔離することはなくなる。二人はその効果を調べるために、公園の中と外の土中に温度計を置いた。

「一年で一番寒い三月の終わりに測定をしたんだ。柵の外で地表から五〇センチのところを測ったら、マイナス七度だった。公園の中では、同じ深さでマイナス二四度だったよ。動物が草を食べてくれるだけで、一七度もの差が出たんだ」と、ニキータは興奮気味に語った。

この公園内と外の温度差を知ることによって生まれた、永久凍土を救えるかもしれないという望みを、ジョージ・チャーチも共有している。シベリアの永久凍土を凍ったままにしておきたいという願いこそ、これまでに絶滅した動物の中で、彼が特にマンモスを再生したいと考える理由なのだ。

「大規模にこれをやるための、大義名分だよ。とにかく動物たちを作ってしまえば、彼らは何であろうとそこに生えているものを食べて生きていく。そのプロセスが動き出しさえすれば、彼らは自分だけの力で生きていけるだろう。マンモスは、地球の気候不順を救うことができるんだよ」

温度が安定しがちな永久凍土のさらに下の方では、柵の中と外での地面の湿度差も少なくなるが、それでもニキータは、この方法が永久凍土を守るために使えると固く信じているのだ。彼が心配しているのは、永久凍土が溶けた時に地球全体の気候がどうなるかだけではない。土地がゆるみ始めてしまったら、この地域に大きな問題を引き起こす。ここチェルスキーでも、学校の建物の真ん中に大きな裂け目ができ、閉校しなければならなくなった。樹木はぐらつき始め、地面が夏に柔らかくなれば倒れてしまう。道路も、ガスや石油のパイプラインも、崩壊の危険がある。ここ数年で、地面が一〇メートル近く沈み込んだところもあるのだ。

数日前、私たちはアメリカからやって来た研究者が「地獄の穴」と名付けた場所にいた。そこには他のどこよりも、たくさんの蚊がいたからである。そこの森は、一〇年ほど前に焼失した。燃え残った樹の幹が、今もそこかしこに見られる。火災は非常に激しく、一番表面のコケの層まで燃えてしまった。そのせいで、ここの永久凍土は本格的に溶け始めたのである。

永久凍土の中には、大量の凍った水があることが多い。それは均等に分布しているわけではなく、固まって氷塊になっている。この氷はくさび形をしていて、地球の支柱の周囲をジグザグ模様の形に取り囲んでいる。永久凍土が溶け始めれば、地面はそのままに、その水だけが流れ出してくる。水は川に流れ込むかもしれないし、集まって湖になるかもしれない。いずれにしろ今度はその水が、さらに溶解を加速させてしまうのだ。

「地獄の穴」で起きた火災は、そこをほとんど歩くこともできないくらいぐちゃぐちゃの地面にしてしまった。平らな場所は、一平方キロメートルもなさそうだ。急斜面の丘と、細長い湖ばかり。湖は年々深くなり、地形はどんどん荒れていく。研究者によれば、ここの土地は火災の前は完全に平坦だったらしい。だが今は、永久凍土が溶けているというだけで、風景がどんどん変わりつつある。氷をたくさん含んだ永久凍土では、これと似たようなことがどこででも起こり得る。そうなれば、地球の傷はふさがるどころか大きくなるばかりだ。

新しくできた湖は、さらなる問題をひき起こす。できたばかりの湖底の泥は酸素が少なく、メタン産生菌が増えてしまうからだ。メタンは、二酸化炭素よりもはるかに強力な温室効果ガスだ。永久凍土が溶けることによって放出される炭素がどれほどメタンに変換されるかは、凍土溶解を巡る最大の不確定要素なのである。

永久凍土溶解はあまりにも難しすぎてわからないことだらけだが、何百万頭ものウマや一〇頭のマンモスを放せばその問題が解決するという主張も、私には同じくらいつかみ所がないように思える。数ヘクタールの地域でそれが多少うまくいったとしても、北極圏全体で同じようにうまくいくかどうかはまったく別の話だ。私はニキータに、理論的に証明できたからといって、そんなことが本当にできると思っているのかと尋ねてみた。

「ロシアとカナダ、中国、アメリカ。それぞれの当局が突然これはいい考えだと言って、動物を放つ許可を決断してくれるかどうかは、怪しいものだね。むしろこれから……そうだな、二五年くらいの間は、彼らはほとんど何もしないだろうと思う。でも遅かれ早かれ、崩壊は起きる。大量の永久凍土が、一斉に溶け始める時が来る。そうなったら森は死ぬ。地面が泥になって木の根が支えを失い、倒れちゃうからね」とニキータは言う。

「短期間で、草がたくさん生えてくるだろう。それが、新しい土地に最初に現れる植物だからね。そして……そうだな、三〇年くらい後には、動物が食べるための草が信じられないほど大量に存在することになる。そうなったら人々もさすがにまずいと思い、ウマを放つようになるだろう。ウマは増え、彼らの餌となる草も際限なく生える。今ある生態系は、壊れちゃうだろうね。もしウマたちが十分に増えれば、彼らがいる場所ではたった二、三年で永久凍土の溶解が止まるだろう。人間が、もう起きてしまっている被害を修復するために、何もやらなかったとしてもね。本当は、今すぐそれを始めた方がいいに決まってるんだ。でも……」

ニキータはそこで口をつぐみ、肩をすくめた。ぐずで無関心な政治家たちのことを彼がどう思っているのか、その仕草ではっきりわかった。

私が取材した研究者たちはみんな、このやり方でうまくいくことを疑っていない。地球の平均気温が上昇し続けたとしても、草食動物が永久凍土を凍ったままに保てる程度に気温を下げる十分なはたらきをしてくれるだろうことは、確かである。マンモスが木を蹴倒してくれなくても、ウマやバイソンなどの草食動物が十分にはたらいてくれれば、効果にそう大きな差はないかもしれない。

永久凍土溶解に対するこの解決法の大きな、というか事実上あまりにも大きすぎる問題は、そのスケールだ。シベリアは広い。どれくらい広いのか、言葉では表せないほどだ。モスクワからチェルスキーまで飛行機で合計一〇時間以上かかったが、その間ほぼずっと、窓からは家一軒ない手つかずの自然と、だだっぴろいロシアの凍土しか見えなかった。北半球の地面の五分の一は永久凍土で覆われており、その凍土を守るためには、そのほとんどを草食動物が住む草原にしなければならない。

理屈と現実は違う。数ヘクタールの土地を囲ってそこでの影響を調べるのと、同じ実験を大陸全体で行うのとでは、話がまったく違う。でも、草食のマンモスがたくさんいるステップの復活こそが、ひょっとすると永久凍土を守る唯一の方法なのかもしれない。もう一つ方法があるとすれば、それは地球温暖化にブレーキをかけることだけだ。だが二〇一五年に合意された野心的なパリ協定をもってしても、永久凍土の多くは溶け、溜め込んだ炭素を大気中に放出することになるだろう。私たちが直面する課題を解決するためにまったく新しい道筋を考えてくれる、先見の明がある誰かに登場してもらうべきなのかもしれない。ひょっとしたらそんな人たちは、他の解決法を邪魔するだけの、ただの夢想家かもしれないけれど。

デュヴァニィ・ヤール（Duvanny Yar）の真っ黒い斜面で、私は膝まで泥に浸かり、足元の凍土のせいで始終つるつる滑りながら立っている。そこにいる間に、ニキータが牛乳パックほどの大きさのマンモスの歯の一部を見つけた。歯全体なら、二キロほどにもなるという。私は手にたかってくる蚊という最悪の敵を払いのけながら、それを引っ繰り返したり回したりしてためつすがめつした。最低でも一万四〇〇〇年、おそらくは二、三万年前のものだ。

泥がゆっくりと流れて滑り落ちてくるこの斜面の最も魅力的なところは、このまったく安定していない傾斜した地面のどこもかしこもが、新緑でいっぱいだということである。流れ続ける泥の中で、それは馬鹿馬鹿しいほど輝いている島のようだった。土は栄養豊富で、マンモスの歯と同じくらい長い間凍っていた植物の種をたくさん含んでいる。研究者が芽吹かせるのに成功した最古の種は、ここから出たものだ。今私が見ている草や花は、どれも数千年前の種から生まれたものだ。この斜面が溶けたからこそ、芽を出したのだ。ほんの短い間、この泥の中には草や花で覆われた地面ができるのである。数年後に川の流れが変わり、この地から川がなくなれば、この斜面はコケやヤナギやカラマツで覆われ、周囲の景色と同じになっていくのだろう。ジモフ一家がその頃までに彼らの公園をここまで拡張することができていなければ、ではあるけれど。

「この土地は、ゾンビみたいなものさ。古代の自然が、たまたま息を吹き返した場所なんだ」とニキータは言う。

終章

生命は一つの道を見出すだろう

絶滅種を、本当の意味で生き返らせる方法はない。なんとかそれに近い代用品が作れるだけである。

キタシロサイのような種なら、その代用品は本来のものと遺伝的には同じになるだろう。だが、私たちが失いつつあるものは、違ったところにある。いわゆる、動物たちの文化だ。たとえば動物の子供が、親や仲間たちから学ぶことがらなどである。再生したサイが野生に放たれた場合、そのサイは、動物園で生まれ育った別の種が野生に放たれたのと同程度に「自然」だとしか言えない。動物園での例はこれまでにたくさんあり、うまくいったものもダメだったものもある。数年凍結されていた細胞から生まれた動物だからといって、動物園の例とは違うと思う理由はどこにもないのだ。この新しいサイの子供が新たな知識を得たり、それを次の世代に渡したりすることはできるだろう。サイの新しい文化が始まるかもしれない。

だがマンモスやリョコウバト、オーロックスのような種の場合、代用品とオリジナルの間にはかなり大きなギャップがある。問題は、それがどのような役割を果たすかということだ。シベリアで、大きくて毛むくじゃらで牙を持つ動物が群れを作って暮らし始め、木にぶつかって倒すようになったら、それをマンモスと呼んでいいのだろうか？　マンモスらしく行動し、それを見るとマンモスだと思えるから、それはマンモスなのだろうか？　それとも、彼らは一万年前にこの地域を歩き回っていた生き物の子孫ではないのだから、マンモスではないのか？

シベリアの研究センターで、セルゲイ・ジモフと私は外の景色を眺めながら立っていた。センターは高台にあるので、曲がりくねった川やまばらなカラマツの森、木も生えないほどびしょびしょの湿地などが、遠くまで見渡せた。家も船も道路もない。私にはこれまで見た中で最も美しい風景の一つだと思えたが、隣にいたセルゲイは溜息をついた。

「これは自然じゃないって、わかってほしいんだ。墓地かゴミ捨て場だよ。一万四〇〇〇年前に消えてしまった生態系の、悲しい残骸さ」

私がこれまで取材してきた研究者たちの多くも、ほとんど同じことを言っている。私たちは生物多様性をほとんどはぎ取られてしまった、貧弱な世界に暮らしているのだと。

「絶滅種の再生は過去を取り戻すことだと以前は思っていたんだけど、今では、種の絶滅という僕らの罪の中から自然を取り戻すための方法なんだと思うようになったよ」

サンタクルーズのベン・ノヴァクも、私が「あなたがリョコウバトを復活させようとする、最大のモチベーションは何ですか」と尋ねた時にそう言っていた。

失われた王国を再生できるという考えには、強く訴える力がある。だがそこにもまた、例の大きな問題が立ち塞がるのだ。私たちは、再生種に違和感を感じるべきなのか？　再生種は、私たちの自然に対する罪悪感を変えてくれるのか？　人間である私たちが描いてきた古代の物語には、人間の文明と自然との闘いについて語っているものがある。努力によって野生を飼いならし、耕作のための場所を作るという物語である。もしかしたら私たちは、その段階に達したのかもしれない。私たちは自然のあるじとなり、何千ものさまざまな方法でその形を変え続けている。

「小さなサイを作ってペットにしたいのか？　トラのように見えるネコを作りたいのか？　そんなネコがいたら、もう野生の大きなトラはいなくてもいいんじゃないか？　我々は、どんな世界を望んでるんだ？」

オリバー・ライダーに会った時、彼はこんな大袈裟な質問をしてきた。私たちが、よいものであれ悪いものであれ自然界に対してどんな力を持っているのか、考えさせようとしたのだ。彼自身は、この質問に答える気がないようだ。社会がみんなで決めるべきことだと考えているからである。人間は地球の生物多様性を積極的に高めるような種になっていくべきだと、彼は願っている。これまでのように世界をゆっくりと枯渇させるのでなく、豊かにしていくような種であってほしいと。

さまざまな絶滅種再生プロジェクトのほぼ全部に共通することが、一つある。動物であれ植物であれ、彼らが再生しようとしているのは、人々の関心や感動を呼び起こすようなカリスマ性のある生き物だということだ。マンモス、リョコウバト、恐竜、雄大なクリの木など、どれもそうである。単なる偶然であるはずがない。目的は人々の関心を引き、そこに関わる技術について議論を起こすことなのだ。通常ほとんどの研究は、ハツカネズミやショウジョウバエ、シロイヌナズナなどで行われている。小さいし一般的だし扱いやすいからだが、あまり人々からは愛されない。科学的見地からは、氷期のネズミの再生はマンモスの再生と同じくらい意味があるわけだが、あまり新聞沙汰には向かないだろう。

「マンモスにはカリスマ性があるし、みんな大好きなんだ。子供たちがいつも僕に手紙をくれるのは、このプロジェクトがエキサイティングだからだよ」

私が、なぜ他の動物でなくマンモスを再生するのかと尋ねた時、ジョージ・チャーチはこう答えた。

ここまできて、私の考えはまだ境界線の上を行ったり来たりしている。まだ決心がつかない。絶滅種の再生は、いいアイディアなのだろうか？　どちらにも、よさそうな言い分がある。読者としてのあなたは、心理学者のスーザン・クレイトンが言っていたように、客観的根拠や理性というよりあなた自身の感情で、立場を決められるかもしれない。ここで進む派と戻る派、それぞれの考え方をあげてみよう。

絶滅種の再生は悪であるとする根拠は、たくさんある。私の考えるところ、最も重要なのは次の三つだ。

①ある種を自然界に放すことには大きな危険がある。これまでに外来種が大きな問題となった

例には事欠かない。どんなにその種を調べ尽くしたとしても、彼らを自然界に放すことによって何が起こるか、今の研究者が予測するのは難しい。ましてよく知らない新種の場合、問題はより大きくなる。感情とはあまり関係がない、純粋に科学的な危険である。

②人間と自然の関係は変わっていく。スーザン・クレイトンが言ったように、私たちの自然体験は変わり得るのだ。それに意味があるかないかは、わからない。もし私が、スウェーデン南部の美しいブナの森を散歩していて、梢を見上げた時に目に入った鳥の祖父だか祖母だかが研究室で生まれたものだとしたら、私の鳥を見る目は変わるだろうか？　その鳥が飛んでいる森は、あまり堂々としていないと思うだろうか？　もしくはその鳥がまだ存在してくれることを、ありがたいと思うだろうか？　ここには、人々を自然に対して無頓着にさせるというリスクもある。絶滅種の再生を大したことではないと思い始めたら、私たちは現在絶滅の危機に瀕している動植物の救助をやめてしまうかもしれない。

③私たちは、与えられたチャンスや道具、新しい技術に目がくらみ、その最善の用い方は何かを考えたり、使わない選択もあり得るのだと思うことなくそれを使ってしまう危うさがある。「金づちしか持ってないと、すべての問題が釘に見えてくるのよ」ジーン・ローリングは、私が彼女とサイについて語り、再生プロジェクトにはどんな危険性があるかと尋ねた時、こう言った。問題を起こすのは、人間の傲慢と眼識のなさである。プロメテウスの物語が教え

るところである。

絶滅種再生を支持する考え方にも、強い根拠はある。私としては、次の三つがそれを進めるよい理由になると思う。

①新しい種には、生態系を変えるかもしれない潜在能力がある。生態系を豊かにし、彼らの存在が他の種にも利益をもたらしてくれるかもしれない。簡単に言えば、生態系をより健全にする手助けをする、触媒役になってくれるのだ。ベン・ノヴァクが他の鳥ではなく、森への影響が大きいリョコウバトを選んだのも、これに期待しているからだ。

②これらは、世界をよりよくできるかもしれないという希望を人々に抱かせるプロジェクトだ。種の保存に携わっているフィル・セドンは、すべてが結局地獄へと向かってるんだとか、フィルたちのやっていることは避けられないカタストロフィーを先延ばしにしてるだけだとか、そんなふうに私たちが感じてしまっていることこそが大問題なのだと強調する。キタシロサイが死から蘇ったら、そんな風潮も変わる。楽観主義、希望、そして未来を信じる心こそが、現存の生き物を救うことへの新たな関心を呼び覚ましてくれるのだ。再生種は、人類が世界をよりよくするために新しい技術を用いることができるという、明確なシンボルになってくれるだろう。

③これを実行する過程には、学びがたくさんある。最終的にシベリアをマンモスが走り回るかどうかとか、小型恐竜がペットショップで買えるようになるかとかは関係なく、この過程で集まる世界中の知識はどんどん増えていくだろう。ここで行われるプロジェクトを成功させるには、どれも科学的ブレークスルーが必要だし、そこで得られた知識は他の分野でも活用できる。ベン・ノヴァクは、これを宇宙開発競争にたとえた。人間を月へと送り込んだ研究のおかげで、他にもさまざまなことが起こったよね、と。一つは、人間が宇宙へ行けることがわかったということだ。私にとっては、最も重要な成果である。これこそが、絶滅種再生のような一見不可能に見える目的に向かって研究者たちが突き進む最大の根拠だと、私は思っている。

「困ったことに、人々は科学的プロジェクトはすべて人間にとって役立つものでなければならないと考えてるんだ。食卓のごちそうや自動車のガソリンが作れるというようにね。残念ながら今の社会は、科学はカッコいいからやるんだという考え方をしなくなってしまっている。研究者が、何か新しいものを発見するために時間を使うことができなくなってるんだ。僕らが暮らす世界や宇宙についていろんなことを発見するのは、とても大事なことなのに」

私が、なぜあなたは小さな恐竜型ニワトリ（ディノ・チキン）を作りたいのですかと聞いた時、ジャック・ホーナーはそう答えた。

私が研究者ではない友人に、なぜマンモスを再生したがる人がいるのかしらと聞けば、たいていが「できるからでしょ」と答える。この分野で仕事をしている研究者にこの点を重視する人はあまりいないけれど、これは重要なことだと私は思っている。これらのプロジェクトは、好奇心と情熱と、そして不可能を可能にしたいという願いにつき動かされている。これらは素晴らしい動機の源泉であり、こういった研究者たちの情熱を知ると、私は最高に幸せになれる。

これは、終わりと始まりについての本である。種の再生の試みについて書き始めた時、消えた世界へのノスタルジーとあこがれについて書くことになるんだろうなと思っていた。でも書いているうちに、これはむしろ人類が自らを自然の管理人とする未来、そして今を描く物語なんだなと気付いた。そして新しいことを見つけたいという、研究者たちのどうしようもない欲望についての本でもあったのだ。

あとがき

一人の子供を育てるには、村一つが必要だという言葉を聞いたことがある。本を書くのも、これとまったく同じだと私は思う。大勢の方の助力がなければこの本は書けなかったし、いただいた支援には心から感謝している。

素晴らしい編集者リーサは、フリータンケ社（Fri Tanke 意味は「自由な思想」）のエンマやクリステルと共に、この本をできるだけよいものにしようと惜しみない助力をしてくれた。彼らが二〇一四年一一月のあるどんよりした日の夜、それも真夜中近くに私が送った、海のものとも山のものともわからないアイディアを認めてくれたことに、とても感謝する。すごく素敵な表紙を作ってくれたオーラにも、ありがとうと言いたい。

インタビューに時間を割いて質問に答え、プロジェクトやその結果への理解を手伝って下さった研究者の皆様に、お礼を申し上げる。たった一人で仕事をしている科学者など、一人もいない。みんななんらかのチームに属している。読みやすく、そして手に取りやすくするために、プロジェクトの鍵となる人だけを取り上げたが、どのプロジェクトにもたくさんの研究者が関わっているのは言うまでもない。

この本のための調査を進めている間、本文に名前をあげていないたくさんの方たちに助けていただいた。ルンド大学の動物学部収蔵施設の学芸員、マリア・モスタディオスには特にお世話になった。彼女と共に過ごした午後は素晴らしく、オーロックス（原牛）の骨格やリョコウバトの標本に親しく接することができた。

何にでも始まりの場があるものだが、おそらく私が科学ジャーナリストになろうと決心する重要なきっかけになった、二人の先生方にも感謝を申し上げたい。おひとりは、高校時代に海洋生物学を教えて下さった、素晴らしいラグナル先生。先生の好奇心と情熱は強い伝染力を持っており、それは今も私と共にある。もうひとりは、おどおどしながらダーゲンス・ニューヘーテル新聞社に入った私の面倒を見て下さった、カーリン。彼女は私に科学ジャーナリストに必要なことを基本から教え、私ひとりではあり得なかっただろう成長と改善を遂げるための力を与えてくれた。

この本を書いているあいだ中私を支えてくれた素晴らしく素敵な、そして頼もしくてユニークな友人たちにもお礼を言いたい。マンモスの糞(ふん)からギルガメッシュ物語に至るまで、私が垂れ流した話を聞いてくれてありがとう。私の変な質問にも、答えようとしてくれてありがとう。何週間も行方不明になっては腹の立つ幽霊みたいにヒョッコリ帰ってきたり、こんな本絶対完成しないと思い込んで大泣きしている私をハグしてくれたりしたあなたたちの辛抱強さに、感謝を。あなた方が入れてくれたすべてのお茶と、元気づけてくれた声援に感謝を。ひどい産みの苦しみに悩んでいるあいだ支えてくれたり、原稿を読んでは知的で優しいコメントをしてくれたことにも、感謝する。

もちろんウェブサイトのmammutkvinnan.se（マンモス女）には、特別の感謝を捧げたい。おかげで私は、プロのマンモス詩人になれた。弱強五歩格詩の形で二〇行のマンモスの詩を作るようにという注文は、私の人生の中であまりにも思いがけない体験の一つだった。最初の四行をここに載せないわけにはいかない。

コリマ川の冷たく暗い水の中
沈んだ巨人たちがあちこち横たわってる
寒い夜にそこへ大胆な男たちが潜ってきて
そこに残されて死んだお宝を探してる

執筆中ずっと熱心に助けてくれた素晴らしい両親にも、お礼を言いたい。写真撮影から事実確認や資料整理まで、いろいろなことを手伝ってもらった。

ありがとうトビアス。他の誰よりもあなたが大事であり、あなたがいなかったらこの仕事はできなかったでしょう。

翻訳にあたって

本書は、スウェーデンの女性科学ジャーナリストが世界各地で「絶滅種再生」に携わる研究者を訪ね、彼らが求めるものを探った書である。話は、絶滅種再生といえばまず思い浮かぶマンモスから始まる。興味深いのは、凍土から発掘したマンモス細胞ゲノムを用い、その個体を作るという研究は、再生活動のほんの一部であるということだ。シベリアにマンモスを含む大型草食動物を走り回らせて、そこを草原にする夢に向け、極寒の地で活動する父子がいる。〝自然〟を〝取り戻そう〟とする努力には、感嘆する。同時に〝自然〟とは何？〝取り戻す〟とはどういうこと？それはよいこと？という問いが次々と生まれる。

ゾウの細胞にマンモス遺伝子を入れるジョージ・チャーチは、熱帯林が消えつつある今、毛が長く、寒帯で暮らせるゾウを生み出せばゾウを救えると言い、絶滅危惧種の救助に努力している人々から、危機感を削ぐと非難が出る。

日本から輸入したクリがアメリカグリを絶滅の危機に陥れたという話が、興味深い。クリ胴枯病菌に耐性を持つクリが、菌を持ち込んだのだ。現在、耐性を持つアメリカグリを自然界に植える申請が出されており、絶滅種再生の最先端例となっている。

リョコウバト、ブカルド（山ヤギ）、サイ、オーロックス（原牛）など、日本人にはあまり馴染みのない動物だが、さまざまな絶滅種の復活が試みられている。各人の目的は必ずしも同じではないが、生き物への愛、それを取り戻すことで自然の質を上げたいという願いは、共通して純粋だ。お金儲けや売名を考えている人はいない。正気じゃないと言われるのもわかっている。それだけに、逆に心配にもなる。

鳥は恐竜の仲間だとわかっているので、ニワトリを恐竜にしようというプロジェクトがジョージ・ルーカスの資金援助を受けているなど具体例が並び、著者の率直な質問に返ってくる率直な答えの中に、私たちが自然について深く考える材料がたくさんある。自然保護、生命倫理という抽象的な言葉でなく、具体例で考えるよい機会を与えてくれている。

中村桂子

ちょうどこの本の校正をしている時に、コロナ禍が起きました。「ゲノムを解析すれば、ワクチンくらいちょちょいっとできるんじゃないの?」。門外漢の私のそんな予想は、外れました。世界中が自粛に追い込まれ、経済活動が止まり、そして各地から「空気や水がきれいになった」「動物たちが帰ってきた」というニュースが聞こえてきたのです。正直「人間はそれだけ自然に影響を及ぼしていたのだ」と実感し、反省し、心底「少し、暮らし方を考えなければならないな」と思いました。本書は、まさにそんな「人間は、どこまで自然に影響を及ぼしてよいのか?」を問いかける本です。

個人的には、マンモスが復活すれば素敵だなと思いますし、もし本当にそんな技術が使えるようになるのなら、是非ニホンオオカミを復活させてほしいなどと期待してしまいます。でも同時に、東日本大震災以来「人間は、しょせん自然には勝てない。自然に反する、しかも自分たちの手に負えないような技術はできるだけ使わない方がいい」と思う自分もいます。そんなジレンマを、この本はみごとに浮かび上がらせてくれました。読者の方にも、是非一度立ち止まって「人間は、本当にこの道を突き進んでしまっていいのか？　自然との関わりを、もっと深く考えるべきではないのか？」と思っていただければ幸いです。

中村友子

この翻訳のお話を下さり、疑問点など細やかに指摘して下さったA＆F出版とご紹介いただいた宮山多可志さん、校正の鱸真由美さん、米原典子さん、素晴らしい装幀に仕上げてくださった芦澤泰偉さん、五十嵐徹さん、カバーイラストをお描きいただいた星野勝之さん、この本に関わって下さったすべての皆さまに、心からのお礼を申し上げます。おかげさまで、今とても大事な、これからの生き方を考えながらの楽しい仕事ができました。

図版リスト

19ページ
フランス、ドルドーニュ地方のルフィニャック洞窟にある、
新石器時代のマンモスの洞窟壁画
（画像引用:Wikimedia Commons）

27ページ
ポール・ジャマン画、マンモス　1885年
（画像引用:Wikimedia Commons）

57ページ
ジョン・ジェームズ・オーデュボン画、リョコウバト（Columba Migratoria）、
1824年ペンシルバニア
（画像引用:Wikimedia Commons）

59ページ
ルイジアナで狩られるリョコウバトの群れ。
『The Illustrated Sporting and Dramatic News』誌より　1875年7月3日発行
（画像引用:Wikimedia Commons）

79ページ
リチャード・ライデッカーによる
『Wild oxen, sheep & goats of all lands, living and extinct』という本の中の、
ジョゼフ・ウルフによるイラスト。1898年
（画像引用:Wikimedia Commons）

157ページ
フランスのショーヴェ洞窟におけるオーロックスの習作。
約3万1000年前
（画像引用:Wikimedia Commons）

試みに対してとてもポジティブなある生物学者:'As far as we can go, as far as we want to go…,' Greene, *Centre for humans and nature* https://www.humansandnature.org/conservation-extinction-harry-w.-greene

もう一人の生物学者は動物の再生にとても批判的:'Resurrected mammoths and dodos? Don't count on it' (March 2013) Ehrenfeld, *The Guardian* https://www.theguardian.com/commentisfree/2013/mar/23/de-extinction-efforts-are-waste-of-time-money

もう一人、とても批判的な生物学者:'The Case Against De-Extinction:It's a Fascinating but Dumb Idea' (January 2014) Ehrlich, *Environment 360* https://e360.yale.edu/feature/the_case_against_de-extinction_its_a_fascinating_but_dumb_idea/2726/

さらにもう一人、とても批判的な生物学者:'Opinion: The Case Against Species Revival' (March 2013) Pimm, *National Geographic* https://nationalgeographic.com/news/2013/03/130312-deextinction-conservation-animals-science-extinction-biodiversity-habitat-environment/

Ethics_of_Reviving_Long_Extinct_Species.pdf
148. 事実上まだ存在しないテクノロジーの可能性と問題点を議論することの問題点についてのルポルタージュ:'All This Talk About De-Extinction Is Endangering the Whole Idea' (March 2014) *Motherboard* http://motherboard.vice.com/en_ca/read/all-this-talk-about-de-extinction-is-endangering-the-whole-idea

第15章

149. マンモスステップに何頭の動物がいたかを見積もろうとする試みについての記事は、第12章の参考文献参照。
150. セルゲイ・ジモフによる永久凍土の炭素量についての科学論文:'Permafrost and the Global Carbon Budget' (June 2006) Zimov et al. *Science* vol. 312 https://imedea.uib-csic.es/master/cambioglobal/Modulo_V_cod101619/Permafrost%20response.pdf
151. 溶けつつある永久凍土における気候と炭素の関わりについての科学論文:'Climate change and the permafrost carbon feedback' (April 2015) Schuur et al. *Nature* vol. 520 pp. 171- 179 http://www.nature.com/nature/journal/v520/n7546/full/nature14338.html%3FWT.ec_id%3DNATURE-20150409
152. 私が書いた、シベリアの永久凍土が溶けつつあることに関するさらなるルポルタージュ:'Svarta hotet' (November 2015) *Forskning & Framsteg* https://fof.se/tidning/2015/10/artikel/svarta-hotet
153. 大型草食動物の不足はさまざまな問題を引き起こす。たとえば、糞が少なすぎるなど:'How Poop Made the World Go 'Round' (November 2015) *The Atlantic* https://www.theatlantic.com/science/archive/2015/11/how-the-poop-of-giant-animal-species-kept-the-world-healthy/413608/

ここに私は、絶滅動物を再生するという可能性についてさまざまな研究者たちの間で続いている論理的な議論や、存在する批判をいくつか集めてみた。知識を深めるために読んでみると面白いと思うし、とっかかりとしてよい記事である。倫理面については第14章で語られている。

(賛成派と反対派による)2本の記事と雑誌の社説:

'De-extinction: raising the dead and a number of important questions' (March 2014) Heard, *Frontiers of Biogeography* vol. 6
'From dinosaurs to dodos: who could and should we de-extinct?' (March 2014) Jones, *Frontiers of Biogeography* vol. 6
'De-extinction in a crisis discipline' (March 2014) Donlan, *Frontiers of Biogeography* vol. 6
すべてのリンクはこちら: http://www.biogeography.org/html/fb/FBv06i01_All.pdf

Genome Sequenced From 700,000-Year-Old Horse DNA'(June 2013) *National Geographic* https://www.nationalgeographic.com/news/2013/06/130626-ancient-dna-oldest-sequenced-horse-paleontology-science/
137. 恐竜の化石から見つかった血液とコラーゲン:'75-million-year-old dinosaur blood and collagen discovered in fossil fragments' (June 2015) Sample, *The Guardian* https://www.theguardian.com/science/2015/jun/09/75-million-year-old-dinosaur-blood-and-collagen-discovered-in-fossil-fragments
138. ジャック・ホーナーのホームページ:http://www.montana.edu/earthsciences/facstaff/horner.html
139. ジャック・ホーナーのTED講義:'Building a dinosaur from a chicken' (March 2011) https://www.ted.com/talks/jack_horner_building_a_dinosaur_from_a_chicken/up-next?language=en
140. アークハット・アブザノフのホームページ:http://www.imperial.ac.uk/people/a.abzhanov
141. アークハットによるあごのあるニワトリに関する科学論文:'A molecular mechanism for the origin of a key evolutionary innovation, the bird beak and palate, revealed by an integrative approach to major transitions in vertebrate history' (May 2015) Bhullar et al. *Evolution* vol. 69 pp. 1665-1677 http://onlinelibrary.wiley.com/doi/abs/10.1111/evo.12684

第14章

142. ベン・ミンティアによる種の復活に関する問題点についての文章':Is it right to reverse extinction?' (May 2014) *Nature* vol. 509 http://www.nature.com/news/is-it-right-to-reverse-extinction-1.15212
143. 同じテーマを扱ったベン・ミンティアのより長い文章:'Extinct Species Should Stay Extinct' (December 2014) *Slate* https://slate.com/technology/2014/12/de_extinction_ethics_why_extinct_species_shouldn_t_be_brought_back.html
144. スーザン・クレイトンのホームページ:https://discover.wooster.edu/sclayton/
145. 動物の再生の可能性について倫理面に焦点を当てて書いた本:*Mendel's Ark: Biotechnology and the Future of Extinction* (2014) Amy Fletcher, Springer https://www.springer.com/gp/book/9789401791205
146. 絶滅種の復活に関する倫理についてまとめた本:*The Ethics of Animal Re-creation and Modification: Reviving, Rewilding, Restoring* (February 2014) Oksanen (red), Palgrave https://www.palgrave.com/us/book/9781137337634
147. さまざまな動物の再生に関わる倫理問題についての記事:'The Ethics of Reviving Long Extinct Species' (July 2013) Sandler, *Conservation Biology* vol. 28 pp. 354-360 http://hettingern.people.cofc.edu/150_Spring_2015/Sandler_

mountains
囲いの門が開けられ、ヨーロッパバイソンたちがまったく自由に歩き回り始めた時の、協会のプレスリリース:'28 European bison now roaming the Tarcu Mountains in the Southern Carpathians' (June 2015) *Rewilding Europe* https://www.rewildingeurope.com/news/28-european-bison-now-roaming-the-tarcu-mountains-in-the-southern-carpathian/
128. タウロスプロジェクトのオーロックスがクロアチアで草を食べているという協会のプレスリリース:'Second generation of Tauros now grazing in Lika Plains' (June 2016) Rewilding Europe https://www.rewildingeurope.com/news/second-generation-of-tauros-now-grazing-in-lika-plains/
129. 再野生化とオストバルデルプラッセンに関する素晴らしいルポルタージュ:'Recall of the wild' (December 2012) Kolbert, *The New Yorker* https://www.newyorker.com/magazine/2012/12/24/recall-of-the-wild
130. オストバルデルプラッセンの問題点に対する批判的なルポルタージュ:'Holländskt naturexperiment slutade i katastrof' (September 2012) *Svensk Jakt* http://svenskjakt.se/start/Nyheter/2012/09/hollandskt-naturexperiment-slutade-i-katastrof/
131. イエローストーン国立公園によるオオカミとその影響についての情報:'Wolf Reintroduction Changes Ecosystem in Yellowstone' https://www.yellowstonepark.com/things-to-do/wolf-reintroduction-changes-ecosystem
132. デンマークのオオカミたちについてのルポルタージュ:'Research project reveals the secrets of the Danish wolf' (June 2015) *Copenhagen Post* http://cphpost.dk/news/research-project-reveals-the-secrets-of-the-danish-wolf.html

第12章

133. セルゲイ・ジモフによるマンモスステップとそこに何頭の動物が暮らしていたかについての記事:'Mammoth steppe: a high-productivity phenomenon' (December 2012) Zimov et al. Quaternary Science Reviews vol. 57 pp. 26–45 https://www.sciencedirect.com/science/article/pii/S0277379112003939
134. セルゲイ・ジモフによるマンモスステップ復活の試みに関する記事:'Pleistocene Park: Return of the Mammoth's Ecosystem' (May 2005) *Science* vol. 308 pp. 796-798 http://reviverestore.org/wp-content/uploads/2014/10/Science-2005-Zimov-796-8.pdf

第13章

135. 「ジュラシック・パーク」は、実は復活して暴れ回る恐竜を描いた最初の本ではない。それ以前にこんな本が出ていた:"*Carnosaur*" John Brosnan, 1984年出版。
136. 解析された最古のゲノムは70万年前のウマから取ったものである:'World's Oldest

Medlemsblad https://livrustkammaren.se/sites/livrustkammaren.se/files/medlemsblad203620juni2020111.pdf
118. ヘック兄弟の実験のまとめ。二人共が自分たちの実験は成功したと思っていたことを示す引用付き:'History, Morphology and Ecology of the Aurochs (Bos primigenius)' (2002) van Vuure, http://members.chello.nl/~t.vanvuure/oeros/uk/lutra.pdf
119. トゥルーネイチャーファウンデーションのホームページ:https://www.truenaturefoundation.org
120. ヘンリー・ケルクディク=オッテンのプロジェクトに関するTED講義:'Restoring europe's wildlife with aurochs and others' (April 2013) https://tedxtalks.ted.com/video/Restoring-europes-wildlife-with
121. チリンガム城のウシに関する記事:'A viable herd of genetically uniform cattle' (January 2001) Visscher et al. *Nature* vol. 409 https://www.nature.com/articles/35053160
122. クアッガについての記事:'The Quagga and Science What Does the Future Hold for This Extinct Zebra?' (2013) Heywood, *Perspectives in Biology and Medicine* vol. 56 https://muse.jhu.edu/article/509324

第11章

123. ウッフェ・ゲール・セレンセンによるリレ・ビルドモースでのプロジェクトまとめ:'Vildokserne ved Lille Vildmose 2003-2010. Status rapport med anbefalinger til projektets forvaltning.' (2010) UG Sørensen Consult http://www.aalborg.dk/kultur-og-fritid/Natur/Naturomraader/Lillevildmose/Documents/Status-rapport-endelig.pdf
124. 再野生化についてのルポルタージュ:'Förvilda Europa' (May 2012) Nyström Forskning & Framsteg https://fof.se/tidning/2012/4/artikel/forvilda-europa
125. スウェーデンの再野生化に関する学位論文:'"Återförvilda" Sverige? En studie av rewilding som strategi för att bevara kulturlandskapet och gynna biologisk mångfald '(2014) Pettersson, Examensarbete för kandidatexamen i Globala studier Vårterminen 2014 http://nordensark.se/media/1341/examensarbete-rewildinghannapettersson.pdf
126. 森におけるイノシシの影響:'Ekologiska och ekonomiska konsekvenser av vildsvinens (Sus scrofa) återetablering i Sverige' (2013) Dück Institutionen för biologisk grundutbildning, Uppsala universitet http://files.webb.uu.se/uploader/271/BIOKand-13-025-Duck-Lovisa-Uppsats.pdf
127. カルパチア山脈に放たれたヨーロッパバイソンについてのルポルタージュはたくさんある。Guardian誌は最初にバイソンを放った時のことを書いている:'Return of the European bison' (May 2014) *The Guardian* https://www.theguardian.com/environment/2014/may/21/-sp-european-bison-europe-romania-carpathian-

110. 変化したクリについての科学論文:'Improving Rooting and Shoot Tip Survival of Micropropagated Transgenic American Chestnut Shoots' (February 2016) Oakes et al. *HortScience* vol.51 pp. 171-176 http://hortsci.ashspublications.org/content/51/2/171.short
111. 森全体を蘇らせることについてのルポルタージュ:'Resurrecting A Forest' (March 2013) *The Loom* https://nationalgeographic.com/science/phenomena/2013/03/11/resurrecting-a-forest/
112. ヨハンナ・ヴィッツェルによる、植物の病気に対する予防のために安全な菌を使うことに関する記事:'Ecological Aspects of Endophyte-Based Biocontrol of Forest Diseases' (October 2013) Witzell et al. *Advances in Endophytic Research* pp. 321-333 https://link.springer.com/chapter/10.1007/978-81-322-1575-2_17
113. トネリコ立枯病の遺伝学的予防についての科学論文:'Genetic resistance to Hymenoscyphus pseudoalbidus limits fungal growth and symptom occurrence in Fraxinus excelsior' (July 2011) McKinney et al. *Forest Pathology* vol. 42 pp. 69-74 https://onlinelibrary.wiley.com/doi/10.1111/j.1439-0329.2011.00725.x/abstract
114. ブナの木を脅かしている菌の名前は疫病菌。この菌がヨーロッパの森に与える影響についてのまとめ:'Recent developments in Phytophthora diseases of trees and natural ecosystems in Europe' (2006) Brasier et al. Proceedings of the Third International IUFRO Working Party (S07. 02.09) Meeting: Progress in Research on Phytophthora Diseases of Forest Trees. https://www.forestresearch.gov.uk/pdf/Phytophthora_Diseases_Chapter01.pdf/$FILE/Phytophthora_Diseases_Chapter01.pdf

第10章

115. ヘルマン・ゲーリングが自分のヘック牛をどうやって撃ち殺したかという物語は、オランダ人研究者クレメンス・ドレッセンによるヘック兄弟の研究から来ている。彼は次のような本を書いた:*Back-breeding the aurochs: the Heck brothers, National Socialism and imagined geographies for nonhuman Lebensraum.*
この本の中の一章である:'Hitler's Geographies.' (2016) P. Giaccaria and C. Minca, University of Chicago Press.
116. ポーランドにおけるオーロックスの歴史についてさらに知りたければこちら:'History of the aurochs (Bos taurus primigenius) in Poland' (April 1995) Rokosz, *Animal Genetic Resources Information* vol. 16 http://journals.cambridge.org/action/displayAbstract?fromPage=online&aid=8280392&fileld=S1014233900004582
117. ストックホルム王宮博物館によるオーロックスの角についての記事:'Uroxehornet ett eftertraktat Livrutskammarföremål' (June 2011) Livrustkammarens Vänner,

Scientific American https://www.scientificamerican.com/article/cloning-endangered-animals/

第8章

98. オーストラリアの珊瑚礁のホームページ:https://www.aims.gov.au/seasim-coral-spawning-activities
99. マデリーン・ヴァン・オッペンのホームページ:https://www.aims.gov.au/our-people/prof-madeleine-van-oppen
100. レイラと白血病について:'Leukaemia success heralds wave of gene-editing therapie' (November 2015) *Nature News* https://www.nature.com/news/leukaemia-success-heralds-wave-of-gene-editing-therapies-1.18737
101. 動物保護のために遺伝子操作を使う可能性についてのまとめ:'Ecology: Gene tweaking for conservation' (September 2013) Thomas et al. *Nature* vol. 501 pp. 485–486 https://www.nature.com/news/ecology-gene-tweaking-for-conservation-1.13790
102. 遺伝学者と保存生物学者たちのためにロング・ナウ協会が準備した会議のまとめ:(April 2015) Case studies https://reviverestore.org/case-studies/
103. 遺伝子ドライブについてのルポルタージュ:'Nu kan vi styra över domedagsgenen' (November 2015) Snaprud, *Forskning & Framsteg* https://fof.se/tidning/2015/10/artikel/nu-kan-vi-styra-over-domedagsgenen
104. 間違ってばらまかれてしまった遺伝子ドライブに対する防御を作ろうという試み:'Safeguarding CRISPR-Cas9 gene drives in yeast' (November 2015) DiCarlo et al. *Nature Biotechnology* vol. 33 pp. 1250–1255 https://www.nature.com/articles/nbt.3412
105. 環境問題を解決するために合成生物学を使うことの可能性とリスクについての興味深い記事:'Synthetic Biology and Conservation of Nature: Wicked Problems and Wicked Solutions' (April 2013) Redford et al. *PLOS Biology* https://journals.plos.org/plosbiology/article?id=10.1371/journal.pbio.1001530

第9章

106. クリプロジェクトのホームページ:https://www.esf.edu/chestnut/
107. ウィリアム・パウエルのホームページ:http://www.esf.edu/EFB/powell/
108. ウィリアムのTED講義:'Reviving the American forest with the American chestnut' (April 2013) http://tedxtalks.ted.com/video/Reviving-the-American-forest-wi
109. ウィリアムによるクリについての記事:'The American Chestnut's Genetic Rebirth' (March 2014) *Scientific American* https://www.scientificamerican.com/article/the-american-chestnut-genetic-rebirth/

89. 遺伝学的救出活動:'Genetic rescue to the rescue' (November 2014) Whiteley et al. *Trends in Ecology & Evolution* vol. 30, pp. 42-49 https://www.researchgate.net/publication/268821953_Genetic_rescue_to_the_rescue/
90. インド洋のゾウガメ:'Assessing the Potential to Restore Historic Grazing Ecosystems with Tortoise Ecological Replacements' (June 2013) Griffiths et al. *Conservation Biology*, vol. 27, pp. 690-700 https://conbio.onlinelibrary.wiley.com/doi/10.1111/cobi.12087
91. Wired誌におけるモーラ・オコナーのインタビュー:'Biologists Could Soon Resurrect Extinct Species. But Should They?' (September 2015) *Wired*, https://www.wired.com/2015/11/biologists-could-soon-resurrect-extinct-species-but-should-they/
92. モーラ・オコナーの本のタイトルは:*Resurrection Science* (September 2015) St.Martin's Press
93. ニューオーリンズでの面白いネコの実験に関するルポルタージュ:'Where cat glow green: weird feline science in New Orleans' (November 2013) *The Verge* https://www.theverge.com/2013/11/6/4841714/where-cats-glow-green-weird-feline-science-acres-in-new-orleans
94. 山ネコのクローンづくりに関する科学論文:'Birth of African Wildcat Cloned Kittens Dorn From Domestic Cats' (October 2004) Gómez et al. *Cloning Stem Cells* volym 6 sidor 247-258. https://pubmed.ncbi.nlm.nih.gov/15671671
95. 彼らは絶滅危惧動物のクローンづくりに何度もトライした:
バンテン: 'Collaborative Effort Yields Endangered Species Clone' (April 2003) *Advanced Cell Technology* http://www.prnewswire.com/news-releases/collaborative-effort-yields-endangered-species-clone-70813392.html
ガウル: 'Cloning of an Endangered Species (Bos gaurus) Using Interspecies Nuclear Transfer' (2000) Lanza et al. *Cloning* vol. 2 no.2 http://media.longnow.org/files/2/REVIVE/Cloning%20of%20an%20Endangered%20Species.pdf
ムフロン:'Genetic Rescue of an Endangered Mammal by Cross-Species Nuclear Transfer Using Post-Mortem Somatic Cells' (October 2001) Loi et al. *Nature Biotechnology* vol. 19 pp. 962-964 https://pubmed.ncbi.nlm.nih.gov/11581663
96. さまざまな種の間でクローンを作ることに関する科学的立場のまとめ:'Interspecies Somatic Cell Nuclear Transfer: Advancements and Problems' (October 2013) Lagutina et al. *Cell Reprogramming* vol. 15 pp. 374-384. https://pubmed.ncbi.nlm.nih.gov/24033141
97. 絶滅危惧動物を救うためのクローンづくりの可能性についてのよいポピュラーサイエンス記事:'Will Cloning Ever Save Endangered Animals?' (march 2013) Jabr,

79. ジーン・ローリングの研究室のホームページ:https://www.scripps.edu/loring/
80. シロサイの細胞から幹細胞を作ることに成功した方法についての科学論文:'Generation of Induced Pluripotent Stem Cells from Mammalian Endangered Species' (2015) Ben-Nun et al. *Cell Reprogramming* vol. 1330 pp. 101-109 https://link.springer.com/protocol/10.1007/978-1-4939-2848-4_10
81. 初期のマウス精子を作ることに成功したと主張する中国の研究:'Complete Meiosis from Embryonic Stem Cell-Derived Germ Cells In Vitro' (march 2016) Zhou et al. *Cell Stem cell* vol. 18 pp. 330–340 https://www.cell.com/cell-stem-cell/fulltext/S1934-5909(16)00018-7
その研究に対する批判:'Researchers claim to have made artificial mouse sperm in a dish' (February 2016) *Nature News* https://www.nature.com/news/researchers-claim-to-have-made-artificial-mouse-sperm-in-a-dish-1.19453
82. 20年間冷凍されていた精子で絶滅危惧種の人工授精に成功したという実験:'Recovery of gene diversity using long-term cryopreserved spermatozoa and artificial insemination in the endangered black-footed ferret' (August 2015) Howard et al. *Animal Conservation* vol. 19 pp. 102-111 https://zslpublications.onlinelibrary.wiley.com/doifull/10.1111/acv.12229
83. 幹細胞からヒトの卵と精子を作る可能性についてまとめたもの:'Human primordial germ cells in a dish' (January 2015) Baumann, *Nature Reviews Molecular Cell Biology* vol. 16 https://www.nature.com/articles/nrm3945
84. ジーンとオリバーの、シロサイについての将来設計をまとめた最新の科学論文:'Rewinding the process of mammalian extinction' (May 2016) Saragusty et al. *Zoo Biology* https://onlinelibrary.wiley.com/doi/full/10.1002/zoo.21284/
85. 遺伝子組み換えされたブタやコイを売り出そうとしている企業の名前は、BGIである:'Gene-edited "micropigs" to be sold as pets at Chinese institute' (September 2015) *Nature News* https://www.nature.com/news/gene-edited-micropigs-to-be-sold-as-pets-at-chinese-institute-1.18448
86. 家畜を遺伝子組換えするためのCRISPRについてのまとめ:'Welcome to the CRISPR zoo' (March 2016) *Nature News* https://www.nature.com/news/welcome-to-the-crispr-zoo-1.19537

第7章

87. フィル・セドンのホームページ:https://www.otago.ac.nz/zoology/staff/otago008934.html
88. 再生する動物の候補を選ぶことに関するフィル・セドンの科学論文:'Reintroducing resurrected species: selecting De-Extinction candidates' (March 2014) Seddon et al. *Trends in Ecology & Evolution*, vol. 29 pp. 140-147 https://www.cell.com/trends/ecology-evolution/fulltext/S0169-5347(14)00021-4

rice Endosperm' (January 2000) Ye et al. *Science* vol. 287 pp.303-305 https://science.sciencemag.org/content/287/5451/303

第5章

69. セリアのクローンづくりに関する科学論文:'First Birth of an Animal from an Extinct Subspecies (Capra Pyrenaica Pyrenaica) by Cloning' (April 2009) Folch et al. *Theriogenology*. Vol. 71 pp. 1026-1034 https://pubmed.ncbi.nlm.nih.gov/19167744
70. ブカルドと彼らの実験に関するアルベルトのTED講義:'The First De-extinction' (April 2013) http://tedxtalks.ted.com/video/The-First-De-extinction-Alberto
71. クローンヒツジのドリーは、ドリー・パートンにちなんで名付けられた:'Viable offspring derived from fetal and adult mammalian cells' (February 1997) Wilmut et al. *Nature* vol. 385 p.810-813 https://www.nature.com/articles385810a0.html
72. ブカルドを再生する試みに対する批判的な記事はたくさん出ている。たとえばこちら:'The Arguments against Cloning the Pyrenean Wild Goat' (November 2014) Garcia-Gonzales. *Conservation Biology* vol. 28 no. 6 pp. 1445-1446 https://conbio.onlinelibrary.wiley.com/doi/abs/10.1111/cobi.12396

第6章

73. キタシロサイの名前については面倒だ。英語では、シロサイの亜種としてキタシロサイとミナミシロサイの名前がある。スウェーデン語では「北の丸鼻サイ」という名前だが、たまにシロサイと訳される。理由としてよく言われるのが、オランダ系南アフリカ人たちがシロサイにつけた名前を、英訳する時に間違えたというものだ。彼らはサイを幅広もしくは丸い鼻面という意味の「wyd muil」と呼んでいたので、イギリス人たちが「wyd」を「白い」と誤訳したというのだ。サイの名前についてもっと知りたければ、こちらがおすすめ:'Why the name of the white rhinoceros is not appropriate' (2003) Kees, *Pachyderm* vol. 34 pp. 88–93. http://www.rhinoresourcecenter.com/pdf_files/117/1175858144.pdf
74. サイの角の密猟とその高額なことについて:'Which Is Most Valuable: Gold, Cocaine Or Rhino Horn?' (May 2015) *I fucking love science* https://www.iflscience.com/plants-and-animals/which-most-valuable-gold-cocaine-or-rhino-horn/
75. サンディエゴの冷凍動物園のホームページ:https://institute.sandiegozoo.org/resources/frozen-zoo®
76. 絶滅種の復活に関するオリバー・ライダーのテキスト:'Designing the Destiny of Biological Diversity' (2013) Centre for humans and nature https://www.humansandnature.org/conservation-extinction-oliver-ryder
77. オリバー・ライダーのTED講義:'Genetic rescue and biodiversity banking' (May 2013) http://tedxtalks.ted.com/video/Genetic-rescue-and-biodiversity
78. 幹細胞については、第2章の参考文献参照。

たいと思うなら:*Mémoires sur les espèces d'éléphants vivants et fossiles*(1796年に公式発表され、1800年に初めて出版された)

59. ベン・ノヴァクのプロジェクトのホームページ:https://pgl.soe.ucsc.edu/
60. ベン・ノヴァクのTED講義:https://www.youtube.com/watch?v=rUoSjgZCXhc
61. ベンが変化させようとしているタイプの細胞は「始原生殖細胞」と呼ばれ、鳥で多く研究されている。この分野における最新の革新的研究の一つは、スコットランドのロスリン研究所で行われた。ヒツジのドリーのクローンを作った研究所である:'Cryopreservation of specialized chicken lines using cultured primordial germ cells' (februari 2016) Nandi et al. *Poultry Science* https://www.ncbi.nlm.nih.gov/pmc/articles/PMC4988548/
62. このタイプの細胞の遺伝的変化を試みた最初の研究:'Germline Gene Editing in Chickens by Efficient CRISPR-Mediated Homologous Recombination in Primordial Germ Cells' (April 2016) Dimitrov et al. *PLOS one* https://journals.plos.org/plosone/article?id=10.1371/journal.pone.0154303
63. 最初の遺伝子組換え植物、薬剤耐性タバコ:'Expression of bacterial genes in plant cells' (August 1983) Fraley et al. *PNAS* vol. 80 pp. 4803-4807 http://www.pnas.org/content/80/15/4803.full.pdf
64. 遺伝子組換えされたバクテリアは、インスリンなどの医薬品を作るのに使われている:'Protein therapeutics: a summary and pharmacological classification' (January 2008) Leader et al. *Nature Reviews Drug Discovery* vol. 7 pp. 21-39 https://www.nature.com/articles/nrd2339
'Therapeutic insulins and their large-scale manufacture' (December 2004) Walsh, *Applied Microbiology and Biotechnology* Vol. 67, no. 2 pp. 151-159 https://link.springer.com/article/10.1007/s00253-004-1809x
65. Bt作物に耐性のある昆虫たち:'Insect resistance to Bt crops: lessons from the first billion acres' (June 2013) Tabashnik et al. *Nature Biotechnology* vol. 31 pp. 510-521 https://nature.com/articles/nbt.2597
66. 遺伝子組換え作物を食べることによる、人間の健康への影響に関する既知の情報をまとめた研究:'Published GMO studies find no evidence of harm when corrected for multiple comparisons' (January 2016) Panchin et al. *Critical Reviews in Biotechnology* https://www.tandfonline.com/doi/pdf/10.3109/07388551.2015.1130684
67. さまざまな遺伝子組換え植物の特許が期限切れになる:'As Patents Expire Farmers Plant Generic GMOs' (July 2015) *MIT Technology Review*. https://www.technologyreview.com/2015/07/30/166919/as-patents-expire-farmers-plant-generic-gmos/
68. ゴールデンライスに関する初めての科学論文が出たのは2000年:'Engineering the Provitamin A (Beta-carotene) Biosynthetic Pathway into (Carotenoid-Free)

Farmland and the Prospect for Land Sparing' (December 2012) Ausubel et al. http://phe.rockefeller.edu/docs/PDR.SUPP%20Final%20Paper.pdf
そして: 'The Effects of Agricultural Technological Progress on Deforestation: What Do We Really Know?' (June 2014) Villoria et al. *Applied Economic Perspectives and Policy* Vol. 36, no. 2 p. 211-237 https://academic.oup.com/aepp/article-abstract/36/2/211/8311

52. 耕作できる土地はなくなり、それによって破滅的な結果になるだろうと警告する研究もある。たとえばこちら:'Soil security: solving the global soil crisis' (October 2013) Koch et al. *Global Policy* vol. 4, no.4 pp. 434-441 https://onlinelibrary.wiley.com/doi/abs/10.1111/1758-5899.12096

53. ヨーロッパに戻ってくる森:'Returning forests analyzed with the forest identity' (August 2006) Kauppi et al. *PNAS* vol. 103 no. 46 p.17574–17579 https://www.pnas.org/content/103/46/17574.full
アメリカの現状についての記事: 'New England sees a return of forests, wildlife' (August 2013) *Boston globe* https://www.bostonglobe.com/metro/2013/08/31/new-england-sees-return-forests-and-wildlife/IJRxacvGcHeQDmtZt09WvN/story.html

第4章

54. マーサと彼女の人生、そして死について書かれた本はたくさんある。たとえばこちら:*The Passenger Pigeon* The Smithsonian Institute https://www.si.edu/spotlight/passenger-pigeon
そして:'100 Years After Her Death, Martha, the Last Passenger Pigeon, Still Resonates' (September 2014) *Smithsonian magazine* https://www.smithsonianmag.com/smithsonian-institution/100-years-after-death-martha-last-passenger-pigeon-still-resonates-180952445/?no-ist

55. リョコウバトについて書かれたものも、いくらでもある。興味がおありなら、こんな本がおすすめ:*A Feathered River Across the Sky* (January 2014) Joel Greenberg https://bloomsbury.com/us/a-feathered-river-across-the-sky-9781620405345/

56. スウェーデンにいる7000万羽の鳥:'Fåglarna i Sverige – antal och förekomst' (2012) Richard Ottvall et al. Utgiven av Sveriges Ornitologiska Förening

57. ドードーについて書かれたものも、大量にある。ヨーロッパの多くの研究者が、ドードーを実在しない鳥だと思っていたことも取り上げた記事:'Dead as a dodo: the fortuitous rise to fame of an extinction icon' (June 2008) Turvey et al. *Historical Biology*: An International Journal of Paleobiology vol. 20 no. 2 pp. 149-163 http://dodobooks.com/wp-content/uploads/2012/01/TurveyCheke-2008-Dead-as-a-dodo.pdf

58. ジョルジュ・キュヴィエは、面白い研究者だ。マンモスの化石に関する彼の原書を読んでみ

PNAS vol. 111 no. 11 pp. 4274-4279. https://www.ncbi.nlm.nih.gov/pmc/articles/PMC3964051/

39. 凍った植物細胞。こちらもシベリアで発見された、3万年前のもの:'Regeneration of whole fertile plants from 30,000-y-old fruit tissue buried in Siberian permafrost' (February 2012) Gilichinsky et al. *PNAS* vol. 109 no. 10 pp. 4008-4013. https://www.ncbi.nlm.nih.gov/pmc/articles/PMC3309767/
40. クマ科の動物(緩歩動物)は、ほとんどどこでも生き延びることができる。彼らは素晴らしく魅力的な動物だ。*Encyclopedia of Life*によるまとめ:https://eol.org/pages/3204/overview
41. スチュアート・ブランドがこれまでやってきたさまざまなことのいくつかについて述べたプロフィール:'Stewart Brand's Whole Earth Catalog, the book that changed the world' (May 2013) *The Guardian* https://www.theguardian.com/books/2013/may/05/stewart-brand-whole-earth-catalog
42. ロング・ナウ協会のホームページ:https://longnow.org
43. リバイブ&リストアのホームページ。ここには、彼らが立ち上げたプロジェクトの科学的成果についてや、彼らが支援するさまざまなプロジェクトについての情報が載っている:https://reviverestore.org
44. スチュアート・ブランドは、自分でも絶滅動物の再生の必要性について書いたり語ったりしている。彼のTED講義:'The dawn of de-extinction, are you ready?' (February 2013) https://www.ted.com/talks/stewart_brand_the_dawn_of_de_extinction_are_you_ready?language=en
'Rethinking extinction' (April 2015) *Aeon* https://aeon.co/essays/we-are-not-edging-up-to-a-mass-extinction
45. ここ100年間で絶滅した動物たちの画像があるホームページ:https://www.davidwolfe.com/animals-extinct-in-100-years/
46. IUCNによる絶滅危惧種及び絶滅種のリスト:https://www.iucnredlist.org/
47. 地球上にいくつの種がいるのかに関する合意はないが、最新の大型研究によると、約870万種プラスマイナス130万種ということになる:'How Many Species Are There on Earth and in the Ocean?' (August 2011) Mora et al. *Plos Biology* https://journals.plos.org/plosbiology/article?id=10.1371/journal.pbio.1001127
48. 5つの大きな絶滅期に関するよいまとめ:'Big Five mass extinction events' (October 2014) BBC http://www.bbc.co.uk/nature/extinction_events
49. 過去の絶滅期と、6番目の絶滅期に人間がどう責任を取っていくべきかの両方については、この本がおすすめ:*The sixth extinction* (February 2014) Elizabeth Kolbert
50. 人間は、いくつの絶滅種に責任があるのかという見積もり:'Global effects of land use on local terrestrial biodiversity' (April 2015) Newbold et al. *Nature* vol. 520 pp. 45-50 https://www.nature.com/articles/nature14324
51. 農地の面積は減っていくだろうと指摘する研究はいくつかある。たとえばこちら:'Peak

この技術がどういう意味を持つことになるかについて、よくまとめられたもの:'Welcome to the CRISPR zoo' (March 2016) *Nature News* http://www.nature.com/news/welcome-to-the-crispr-zoo-1.19537/

31. 初めてヒトの胎児で遺伝子組換えをしたとされる中国の研究:'CRISPR/Cas9-mediated gene editing in human tripronuclear zygotes' (April 2015) Huang et al. *Protein & Cell* vol.6, no.5, pp. 363-372 https://link.springer.com/article/10.1007/s13238-015-0153-5
32. ジョージ・チャーチは、彼がゾウのDNAに14個のマンモスの遺伝子を入れることに成功したという科学論文を、いまだに発表していない。だが彼は、私や他の人とのさまざまなインタビューで、その実験について語っている。彼のこれまでの功績に基づき、私は彼の主張を信じることにした:'Mammoth genomes provide recipe for creating Arctic elephants' (May 2015) *Nature news*. http://www.nature.com/news/mammoth-genomes-provide-recipe-for-creating-arctic-elephants-1.17462
33. マンモスのどの遺伝子がどのような効果を与えることができるかを調べた研究は多くなされてきたし、低温でも機能するマンモスのヘモグロビンを使った実験もなされている:'Substitutions in woolly mammoth hemoglobin confer biochemical properties adaptive for cold tolerance' (May 2010) Cooper et al. *Nature Genetics* vol.42 pp. 536-540
https://www.nature.com/articles/ng.574
34. 'Nuclear Gene Indicates Coat-Color Polymorphism in Mammoths.' (July 2006) Hofreiter et al. *Science* 313, no.5783, p.62 https://science.sciencemag.org/content/313/5783/62
35. 'Elephantid Genomes Reveal the Molecular Bases of Woolly Mammoth Adaptations to the Arctic' (July 2015) Schuster et al. *Cell Reports* Vol. 12, no. 2, pp. 217-228
https://www.cell.com/cell-reports/fulltext/S2211-1247(15)00639-7
36. IPS細胞は2006年、山中伸弥によって初めて作られた。山中はこの画期的功績により、2012年にノーベル生理学・医学賞を受賞した: 'Induction of Pluripotent Stem Cells from Mouse Embryonic and Adult Fibroblast Cultures by Defined Factors' (August 2006) Takahashi & Yamanaka *Cell* Vol. 126, no. 4, pp. 663-676 https://www.cell.com/cell/fulltext/S0092-8674(06)00976-7
37. アジアゾウについてのIUCNのページ:https://www.iucnredlist.org/details/7140/12828813

第3章

38. シベリアで3万年の間氷漬けになっていたウイルス(古いウイルスが発見されたたくさんの研究のうちの一つ):'Thirty-thousand-year-old distant relative of giant icosahedral DNA viruses with a pandoravirus morphology' (March 2014) Claverie et al.

com/photo-galery/permafrost-kingdom
22. ヤクーツクのマンモスの頭と、それがどのように発見されたかを書いた科学論文: 'The Yukagir Mammoth: Brief History, 14c dates, individual age, gender, size, physical and environmental conditions and storage.' (2006) Scientific Annals, School of Geology Aristotle University of Thessaloniki vol. 98 pp. 299-314.
23. 3頭のマンモスの子供に関する、画像付きの3つの記事:Lyuba: 'Ice Baby' (May 2009) *National Geographic*
https://www.nationalgeographic.com/magazine/2009/05/
Zhenya: ''Zhenya' Mammoth Find In North Russia, Biggest In 100 Years, Made By 11-Year-Old Evgeny Salinder.' (October 2012) *Huffington Post* https://www.huffpost.com/2012/10/04/zhenya-mammoth-find-russia_n_1940791.html
Dina: 'Woolly mammoth: Secrets from the ice.' (April 2012) BBC http://www.bbc.co.uk/nature/17525074
24. クローンヒツジのドリーは、1996年6月5日に生まれた。実験を率いた研究者は、スコットランドのロスリン研究所のイアン・ウィルムットとキース・キャンベルである。この実験に関する科学論文:'Viable offspring derived from fetal and adult mammalian cells.' (1997) *Nature,* Volume 385, Issue 6619, pp. 810-813. https://www.nature.com/nature/journal/v385/n6619/abs/385810a0.html
25. 「ネイチャー」誌におけるファン・ウソクのスキャンダルに関する記事:http://www.nature.com/news/specials/woo-suk-hwang-revisited-1.14521
26. 生きた細胞を見つける実験に対する批判の一例:'Cloning a Woolly Mammoth: Good Science or Vanity Project?' (14 March 2012) *Slate* https://slate.com/blogs/future_tense/2012/03/14/cloning_a_woolly_mammoth_hwang_woo_suk_and_other_scientists_attempt_to_revive_exinct_species_.html
27. 入谷明、2016年までにマンモスのクローンを作ると語る:'The first mammoth cloning experiment is officially underway' (January2011) *Gizmodo* https://io9.gizmodo.com/5735293/the-first-mammoth-cloning-experiment-is-officially-underway
そして:
'Mammoth "could be reborn in four years"' (January 2011) *The Telegraph*, https://www.telegraph.co.uk/news/science/science-news/8257223/Mammoth-could-be-reborn-in-four-years.html
28. 生きた細胞を見つける可能性に関してなら、こちらも参照:'Will we ever clone a mammoth?' (June 2012) BBC https://www.bbc.com/future/article/20120601-will-we-ever-clone-a-mammoth
29. ジョージ・チャーチの研究所のホームページ:http://arep.med.harvard.edu/gmc/
30. CRISPR−Cas9技術について書かれたものはたくさんある。これは、さまざまな種に対して

content/349/6248/602

16. ベス・シャピロがマンモスの絶滅について書いた科学論文がこちら:'Pattern of extinction of the woolly mammoth in Beringia' (2012) *Nature Communications* vol.3, https://www.nature.com/ncomms/journal/v3/n6/abs/ncomms1881.html
'Remaining continental mammoths, now concentrated in the north, disappeared in the early Holocene with development of extensive peatlands, wet tundra, birch shrubland and coniferous forest. Long sympatry in Siberia suggests that humans may be best seen as a synergistic cofactor in that extirpation. The extinction of island populations occurred at ~4 ka. Mammoth extinction was not due to a single cause, but followed a long trajectory in concert with changes in climate, habitat and human presence.'
こちらも参照:'Life and extinction of megafauna in the ice-age Arctic' (2015) *PNAS* vol. 112 no. 46 https://www.pnas.org/content/112/46/14301.full

17. マンモスが、ピラミッドが作られた頃に生き残っていたかどうかという問いについては、インターネット上で始終盛り上がっており、私もたくさんのさまざまな答えを見かける。私はこう考える。最後のマンモスは約4000年前に絶滅し、ギザのピラミッドはBC約2560年に完成している。つまり今から4500年ほど前だ。当時マンモスは既に大陸にはおらず、隔離された島にだけ暮らしていた。Vartanyanその他を参照:'Radiocarbon Dating Evidence for Mammoths on Wrangel Island, Arctic Ocean, until 2000 BC' (1995) , *Radiocarbon* vol. 37

18. マンモスの牙の売買は表立っても行われているが、密売もある。60トンという見積もりは、「ナショナルジオグラフィック」の記事を参照した。とても読みでのある記事で、素晴らしい画像がたくさんある:Of Mammoths and Men (2013) https://www.nationalgeographic.com/magazine/2013/04/tracking-mammoths1/
'Nearly 90 percent of all mammoth tusks hauled out of Siberia—estimated at more than 60 tons a year, though the actual figure may be higher—end up in China, where legions of the newly rich are entranced by ivory.'

19. ベス・シャピロはマンモスを再生する可能性について本を書いており、その中で研究者たちがどうやって古いDNAを組み上げているかなどを、詳しく説明している:*How to clone a mammoth: The science of de-extinction* (2015)

20. 国立自然史博物館における、マンモスのゲノム配列:'Complete genomes reveal signatures of demographic and genetic declines in the woolly mammoth'. *Current Biology*, 25, pp. 1395-1400 (2015)

第2章

21. 「永久凍土の王国」には、あまりよいウェブサイトがない。だがヤクーツクの観光ホームページに、凍った洞窟の画像を並べたフォトギャラリーがある:http://www.yakutiatravel.

the_tasmanian_tiger?language=en
8. ユージーン・シーフリンはいろいろな意味でとても興味深い人物であり、彼について書かれたエキサイティングな記事はたくさんある。たとえばこちら:'The Shakespeare Fanatic Who Introduced All of the Bard's Birds to America" (29 May 2014) *Pacific Standard*. https://www.psmag.com/nature-and-technology/shakespeare-fanatic-introduced-bards-birds-america-82279
'100 Years of the Starling' (September 1 1990) *The New York Times*, https://www.nytimes.com/1990/09/01/opinion/100-years-of-the-starling.html

第1章

9. チェルスキーやその他東シベリア地域の歴史は、たとえばソ連崩壊後の街の発展など、とても興味深い。ソ連崩壊当時についてのAP通信記事のニューステキスト:'Isolated Siberian town shrivels after Soviet era' (2011) https://www.foxnews.com/world/isolated-siberian-town-shrivels-soviet-era
10. チェルスキー研究センターのホームページはこちら:http://terrychapin.org/station.html
11. マンモスの進化、生態、古代人類たちとの関係など、マンモスについて書かれた本はたくさんある。よくまとめられた本が、こちら:Lister, A.&Bahn, P., *Mammoths: Giants of the Ice Age* (2007). London: Frances Lincoln.
12. ネアンデルタール人たちは、マンモスの骨で家を建てた。それについての研究がまとめられた新聞記事がこちら:'Neanderthal home made of mammoth bones discovered in Ukraine' (December 2011), *Quaternary International*, vol. 247, pp. 1-362, https://phys.org/news/2011-12-neanderthal-home-mammoth-bones-ukraine.html
13. ニキータとセルゲイ・ジモフが、マンモスが暮らしていたステップにどれくらいの動物が暮らしていたのか計算し、アフリカのそれと比較した科学論文:'Mammoth steppe: a high-productivity phenomenon' (December 2012) *Quaternary Science Reviews*, vol. 57, pp. 26-45, https://www.sciencedirect.com/science/article/pii/S0277379112003939
14. 最初の人類がシベリアに来たのはいつか。炭素同位体測定法によって測定された:'The Yana RHS Site: Humans in the Arctic Before the Last Glacial Maximum' (2004) *Science* 303 (5654): 52-56. doi:1126/science.1085219. PMID14704419
15. 実際マンモスに何が起きたかについての新しい科学記事が、定期的に掲載されている。たとえば2015年7月23日発行の「サイエンス」より:Page 2 / 10.1126/science.aac4315 :'Abrupt warming events drove Late Pleistocene Holarctic megafaunal turnover' https://science.sciencemag.org/

参考資料 おすすめ書籍

私が参考資料として使ったもののかなり多くがインターネット上のみだけに存在する、もしくは他の方法よりもネット上での方が簡単に見つけられるものなので、このセクションすべてはこの本のホームページ(www.kornfeldt.se/mammutensaterkomst)に載っており、すべてのさまざまな文献へのリンクが貼ってある。私がここにリストアップしたものの多くは、この本で触れたさまざまなプロジェクトやアイディアのことをもっと知りたいと思って下さった方々の参考になると思う。

序章

1. プロメテウス、及び文明の始まりとしての炎に関する神話は、多くの古典のテーマとなっている。その一例が、紀元前400年代に(おそらく)アイスキュロスによって書かれた悲劇『縛られたプロメテウス』だ。プラトンも、著書の中でこの神話について言及している。
2. メアリー・シェリーは、1818年のロンドンで『フランケンシュタイン、あるいは現代のプロメテウス』を匿名で出版した。彼女の名前が本の中に初めて出てきたのは、第二版が1823年にフランスで発行された時である。
3. 電気で死体を動かすことができるという最初の実験は、1780年にルイージ・ガルヴァーニによって行われた。当時のイラストつきの、実験に関する記事: 'Animal Electricity, circa 1781' (September 28, 2011) *The Scientist*
http://www.the-scientist.com/?articles.view/articleNo/31078/title/Animal-Electricity-circa-1781/
4. ゴーレムとは、ユダヤの伝説に出てくる生き物である。彼らは人間によって主に粘土で作られ、聖なる呪文を額にはり付けられることで生命を得る。最も有名なゴーレムの物語は、1500年代に一人のラビが、自分の家で召使いにするためにゴーレムを作ったというものだ。最初のうちはうまくいったが、最後にはゴーレムが街で暴れ出す。ラビはゴーレムから呪文を外し、神を気取って生命を生み出すことはもう二度としないと誓うのだ。
5. 映画『ジュラシック・パーク』は、1990年にマイケル・クライトンによって書かれた同名の小説を原作としている。「蘇った恐竜が暴れ出す」をテーマにしたのは、だがこの本が初めてではなく、1984年に出版されたジョン・ブロスナンの『Carnosaur』である。この本も映画化され、1993年に公開されている。
6. 絶滅種であるお腹の中で卵を抱くカエル(カモノハシガエルの仲間)を復活させようというラザロプロジェクトは、ニューサウスウェールズ大学で行われている。プロジェクトリーダーは、研究者マイケル・アーチャーだ。さらなる詳細は、こちら:'The Lazarus Project: Scientists' quest for de-extinction' (April 17, 2015) *The Sydney Morning Herald*
https://www.smh.com.au/technology/the-lazarus-project-scientists-quest-for-deextinction-20150417-1mng6g.html
7. マイケル・アーチャーによるラザロプロジェクトについてのTED講義:https://www.ted.com/talks/michael_archer_how_we_ll_resurrect_the_gastric_brooding_frog_

著者

Torill Kornfeldt

トーリル・コーンフェルト

生物学をバックグラウンドに持つスウェーデンの科学ジャーナリスト。バイオテクノロジーの急速な発展が、私たちの世界にどのような変化をもたらすかということに、強い関心を抱いている。この本が、彼女のデビュー作。

監修

中村桂子

なかむらけいこ

JT生命誌研究館名誉館長。東京大学理学部化学科卒業。東京大学大学院生物化学専攻博士課程修了(理学博士)。三菱化成生命科学研究所人間自然研究部長、早稲田大学人間科学部教授、東京大学先端科学センター客員教授、大阪大学連携大学院教授などを歴任後、生きることを考え、表現する場である「生命誌研究館」を1993年に創立。副館長、館長を務め、2020年4月より現職。著書に『科学者が人間であること』(岩波新書)、『中村桂子コレクション(全八巻) あそぶ 12歳の生命誌他』(藤原書店)、『小さき生きものたちの国で』(青土社)、『生命誌とは何か』(講談社学術文庫)などがある。

翻訳

中村友子

なかむらともこ

スウェーデン語講師及び翻訳者。ストックホルム大学文学科留学。訳書に『終止符(ピリオド)』(講談社文庫)、共訳に『ゲノムを支配するものは誰か』(日本経済新聞出版)、『お母さん、ノーベル賞をもらう』(工作舎)、『DNAとの対話』(早川書房)などがある。

MAMMUTENS ÅTERKOMST
by Torill Kornfeldt

First published by Fri Tanke Förlag, Sweden, in 2016

Published by agreement with the Kontext Agency
through Japan UNI Agency, Inc., Tokyo

マンモスの帰還と蘇る絶滅動物たち
人類は遺伝子操作で自然を支配できるのか

2020年 7月30日 第1刷発行

著者
トーリル・コーンフェルト

監修
中村桂子

翻訳
中村友子

発行者
赤津孝夫

発行所
株式会社 エイアンドエフ
〒160-0022 東京都新宿区新宿6丁目27番地56号 新宿スクエア
出版部 電話 03-4578-8885

装画
星野勝之

装幀
芦澤泰偉

本文デザイン
五十嵐 徹

編集
宮古地人協会

印刷・製本
中央精版印刷株式会社

Published by A&F Corporation
Printed in Japan
ISBN978-4-909355-19-5 C0040